建筑工程绿色
施工技术与安全管理

罗战文　肖永军　段会力　**主编**

|C吉林科学技术出版社

图书在版编目（CIP）数据

建筑工程绿色施工技术与安全管理 / 罗战文，肖永军，段会力主编． -- 长春：吉林科学技术出版社，2019.12

ISBN 978-7-5578-6149-0

Ⅰ．①建… Ⅱ．①罗… ②肖… ③段… Ⅲ．①建筑施工－无污染技术②建筑施工－安全管理 Ⅳ．① TU74 ② TU714

中国版本图书馆 CIP 数据核字（2019）第 232592 号

建筑工程绿色施工技术与安全管理

主　　编	罗战文　肖永军　段会力	
出 版 人	李　梁	
责任编辑	端金香	
封面设计	刘　华	
制　　版	王　朋	
开　　本	16	
字　　数	290 千字	
印　　张	13	
版　　次	2019 年 12 月第 1 版	
印　　次	2019 年 12 月第 1 次印刷	
出　　版	吉林科学技术出版社	
发　　行	吉林科学技术出版社	
地　　址	长春市福祉大路 5788 号出版集团 A 座	
邮　　编	130118	

发行部电话 / 传真　0431—81629529　　81629530　　81629531
　　　　　　　　　　81629532　　81629533　　81629534

储运部电话　0431—86059116

编辑部电话　0431—81629517

网　　址　www.jlstp.net

印　　刷　北京宝莲鸿图科技有限公司

书　　号　ISBN 978-7-5578-6149-0

定　　价　55.00 元

编　委　会

主　编

罗战文　陕西延长石油物资集团公司

肖永军　宁远县市政公用设施维护管理站

段会力　许昌市水务建设投资开发有限公司

副主编

陈德勇　河北建设勘察研究院有限公司

孙云祥　浙江欣捷建设有限公司

黄亚伟　中交水运规划设计院有限公司

张卫栋　祁县交通运输局

张　勇　山东海龙建筑科技有限公司

刘田刚　中交二公局铁路工程有限公司

编　委

罗　浩　武汉紫光科城科技发展有限公司

张　伟　中建新疆建工（集团）有限公司西南分公司

程春立　中建三局第二建设集团有限公司北京分公司

张利民　国网山东省电力公司建设公司

刘得志　中建新疆建工（集团）有限公司西南分公司

于增邦　沧州渤海新区辰禾工程有限公司

马成英　西宁生产力促进中心

杜景和　上海塔里艾森建筑工程技术服务中心

张慧波　中铁六局集团有限公司交通工程分公司

夏雨振　京兴国际工程管理有限公司

田培龙　中交路桥北方工程有限公司

前　言

　　随着城市化进程的不断加快，建筑行业不断成为我国的支柱型产业，为我国国民经济做出了巨大的贡献。然而，建筑工程的特点决定着建筑项目在施工过程中容易发生各种各样的安全事故。同时，由于建筑材料无序堆放和浪费情况严重，导致建筑材料在施工现场的环境造成了一定程度的污染，因此，绿色施工技术的推广以及建筑工程的安全管理问题已经成为全社会关注的焦点。当下，在"安全第一，预防为主"的基本方针指导下，我国政府各级领导历来都十分重视安全生产问题，政府有关部门也采取了不少的对策和措施，投入了大量的人、财、物用于安全管理。本书首先论述了建筑工程绿色施工技术的相关内容，同时以建筑工程安全管理为主线内容，分别研究了建筑工程业主方项目计划管理、建筑施工现场安全管理、建筑施工现场危险源管理、建筑施工质量管理和监理等内容，以期给相关工作人员提供一定的参考价值。

目　录

第一章　建筑工程绿色施工技术

第一节　绿色建筑施工技术相关理论

一、绿色建筑的含义

在 1992 年巴西的里约热内卢"联合国环境与发展大会"，参加会议者第一次明确提出了"绿色建筑"的概念，从而逐渐形成绿色建筑，一个同时考虑环境问题与舒适健康的研究体系，并在越来越多的国家实践推广，成为当今世界建筑发展的首要方向。

在年后，出现的石油危机逐渐被人们认识到，当时的文明是以牺牲环境为代价，这样的文明很难再发展，建筑行业这种在以消耗大量自然资源为代价的发展模式急需去改变。自那时以来，应运而生的太阳能、地热、风能、节能围护结构等新技术，因此节能建筑技术成为建筑业发展的先导。所谓"绿色建筑"的"绿色"，并不是指一般意义的立体绿化和屋顶绿化建设的花园，而是代表一种概念或象征，指建筑对环境没有害处，能充分利用自然资源，在不破坏环境基本生态平衡条件下建造的一种建筑，也可以称为可持续发展建筑、生态建筑、回归自然建筑、节能环保建筑等。

绿色建筑是指在建筑的全寿命周期内，最大限度的节约能源（节能、节地、节水、节材）、保护环境和减少污染，为人民提供健康、适用和高效的使用空间，与自然和谐共生的建筑。建筑生命周期由物料生产、建设规划、设计、施工、运营维护和拆除等阶段构成。其中，施工阶段是将设计成果转化为真正实物的阶段，也是最直接影响生态环境的阶段。在传统的建筑施工中，消耗大量自然资源的同时，也一定程度上破坏了自然生态系统。拆除或修建改造建筑物过程中产生的污染，施工过程中产生的噪声、灰尘和空气污染对人类健康造成了很大的威胁。因此在建筑行业中应实施可持续发展战略，绿色施工的实施是当务之急，也是实现绿色建筑体系的关键。

绿色建筑是建筑界应对可持续发展原则而发展起来的概念，目的是从可持续发展的角度来指导建筑工程施工活动，构建一种绿色的施工方式。它提倡在建筑产品的制造阶段将整体预防的环境战略实施进去，在建设的同时，在保证质量和安全的基础上，最大限度地避免直接对环境的破杂性和不同施工现场的特殊性，使得获取施工方面环境信息变得艰难，在这种情况下，很难形成统一的绿色施工评价指标体系供大家使用。因此，被大家一致认可的绿色施工的含义很难做出明确的定义，使得绿色施工的推广工作进行速度缓慢。因此，建立绿色施工评价指标体系就显得非常重要。一方面，可以为工程达到相关标准树立理论基础；另一方面，通过对绿色施工评价的发展可为政府或承包商建立行动指南，可以为开展绿色施工提供一定的指导和参考方向。

推行绿色建筑，是因为它综合绿色配置、自然通风、自然采光、低能耗围护结构、新能源利用、中水回用、绿色建材和智能控制等新技术，具有选址的合理规划、资源利用高效循环、节能措施综合有效、建筑环境健康舒适、减少废物排放、建筑功能灵活等六大特点。虽然绿色建筑有诸多优点，但是社会还没有充分认识到节能与绿色建筑工作的重要性，缺乏基本的节能与绿色建筑相关知识和意识。因此，建立一套适合于中国基本国情的绿色建筑评价体系，对积极引导绿色建筑的发展，促进住宅和公共建筑的节能省地发展，都具有十分重要的意义。

二、绿色施工概述

（一）绿色施工的相关叙述

随着人口扩张，产业化的飞速发展，人类社会高产出、高消耗、高污染的开发模式导致地球生态环境产生日益沉重的负担。在中国的建筑行业，传统的建筑过程中多采用"大量建设，大量消耗，大量废气"的施工模式，造成了资源的浪费和环境的严重污染。传统的建筑施工模式已经不能适应科学发展观的要求，我们必须以"科学发展，以人为本"的原则，建设环境友好型社会。由此，所提出的绿色施工成了必然的选择。

建筑施工技术是指把建筑施工图纸演变成建筑工程实物的过程中所采用的技术。而绿色施工技术则是指在上述传统的各种施工技术中如何实现"清洁生产"和"减物质化"等绿色施工理念，它反映了传统的施工技术、工艺生产过程的每个环节。实现节约资源、能源，减少污染物排放、保护生态环境，要从分部工程的施工技术方面来研究怎样做到绿色施工，从各分部工程的施工方案中选择比较，以满足工程建设的需要和符合绿色施工的原则。施工技术的创新、传统施工工艺的改革、采用新材料、选择并确定最优施工方案的目的。总之通过在施工的过程中切实有效的管理制度和工作体系，积极开展节约资源、能源，最大限度地减少施工活动对环境的负面影响，在遵循清洁生产和减物质化生产原则的基础上选择最合适的施工方案，开展绿色施工。

绿色施工是在可持续发展思想指导下的新型施工方法和技术，它并不是与传统施工技术独立的全新技术，而是用以可持续发展的眼光对传统施工技术和方法的重新审视，在施工时着眼于降低施工噪音、减少施工扰民、减少资源和能源的有效利用、材料与施工方法的无害性和经济性。绿色建筑施工的实践是一个非常复杂的系统工程，不仅需要具有在施工规划和施工工艺上生态环境保护的理念，同时还需要管理层、承包商、业主都具有较强的环保意识。

绿色建筑施工不仅是占主导地位的，如果不加以控制，还会严重影响环境甚至完工后建筑物的使用也会受到影响。因此，在建设项目的全过程中应建立明确的评价体系，检测项目建设，实现以定量的方式检测达到的效果，用一些特定的指标来检验评价施工所达到的预期环境性能可实现的程度。绿色施工评价系统的建立，不仅可以实现检验绿色施工的实施成果，而且也为整个建筑市场提供制约和规范，推进项目施工的设计、施工管理和能源利用更多地考虑环境因素，指引施工向环保、节能、讲究效益的轨道发展。

（二）绿色施工的特点

　　绿色施工模式是社会发展的必然趋势，也成了目前企业可持续发展的必然选择。当然值得一提的是绿色施工并不是一种完全独立的施工体系，而是继承并发展传统施工，按照科学发展观进行的和谐提升。绿色施工的特点主要表现在以下几个方面：

　　1. 资源节约

　　建设项目通常要使用大量的材料、能源和水等资源，绿色施工要求在工程安全和质量的前提下，把节约资源（节材、节水、节能、节地等）作为施工中的控制目标，并根据项目的特殊性，制定具有针对性的节约措施。

　　2. 环境友好

　　绿色施工的另一个重要方面，就是尽量降低施工过程对环境的负面影响，以"减少场地干扰、尊重基地环境"为原则，制定环保措施（主要关于扬尘、噪声、光污染、水污染、周边环境改变以及大量建筑垃圾等），抓好环保工作，达到环境保护目标。

　　3. 经济高效

　　在可持续发展的思想指导下，运用生态学规律指导人们在施工中如何利用资源，以求实现"资源产品再生资源再生产品"的循环流动，如此一来，在这种不断经济循环中，能源和资源都得到了合理和持久的利用，提高了利用效率，从而实现经济高效。

　　4. 系统性强

　　传统施工虽然有资源和环保指标，但相对来说比较局限，比如利用环保的施工机具和环保型封闭施工等，而绿色施工是一个系统工程，其绿色体现在每个环节，并且环环相扣、紧密相连，包括：施工策划、材料采购、现场施工、工程验收等，"绿色"贯穿于全过程。

　　5. 信息技术支持

　　随着项目施工的进展，各种资源的利用量是随着工程量和进度计划安排的变化而变化的。通常，传统施工在选择机械、设备、材料等资源时往往主观的方式进行决策，如此选择相对较为粗放，为保险起见，决策者一般会刻意高估资源需求量，从而导致不必要的浪费，此外，在工程量动态变化中进行动态调整的工作更是难上加难。因此，只有借助信息技术才能高效的动态监管，实施绿色施工。

（三）绿色施工的内容

通过对绿色施工的概念及其特点的认识和分析，绿色施工的基本内容可以概括为：节能、节地、节水、节材和环境保护，简称"四节一环保"。

1. 节约能源

众所周知，建筑施工复杂、涉及面广且持续时间长，整个过程中大量消耗着能源。绿色施工正是看到了这一点，要求做到"节约能源"。它其中包含了两层含义，不仅力求提高能源利用率、降低能耗总量，而且要尽量选择环保型能源、降低对不可再生能源的消耗。如：室内外照明均采用低能耗 LED 灯；采用高效环保节能的施工机械，且通过合理安排来提高机械满载率与使用率；根据现场情况进行安排，充分利用绿色环保能源（太阳能、风能、热能等）。

2. 节约土地

从目前国情来看，我国人多地少，加之又处于城镇化发展时期，建设用地供需关系紧张。绿色施工要求加强对土地利用进行科学的总体规划，开发地上和地下空间，优选施工方法，减少临时工程用地，减少工程填土或取土，综合利用土地，提高土地利用效率。除此之外，尽力减少对土地的扰动，保护原有绿色植被，进行场地绿化，防止造成水土流失等。

3. 节约用水

我国水资源短缺，人均水资源占有量低，而且时空分布不均匀。绿色施工大力推行节约用水措施，推广节约用水新工艺和新技术；加强用水管理，采取技术可行、经济合理、符合环保要求的节约措施与替代措施，减少或避免施工中水的浪费，高效、合理利用水资源；开源和节流并重，提高水的重复利用率。

4. 节约材料

我国建筑业的材料消耗量惊人，绿色施工要求通过节约材料来降低建筑业的物耗。它同样包含两方面内容：第一是节省用材，第二是采用环保材料。如：尽量就地取材；合理堆放现场材料，减少二次搬运，最大限度降低材料损耗；优化管线的布置路径，节约材料量；开发废料的其他用途，实现废料的再利用；优选节能环保、性能优越的材料等。

5. 环境保护

如今，建筑业中推行可持续发展战略，环境保护已成为绿色施工管理的目标之一。主要是根据环境管理要求，制订环境保护计划，采取有效措施来控制工程施工带来的扬尘污染、噪声污染、光污染、水污染、有害气体污染、固体废弃物以及地下设施、文物和资源保护等，使工程建设项目施工对环境造成的影响最小化。

（1）扬尘污染控制

施工时产生的扬尘是造成空气污染的原因之一，同时也对施工人员和施工现场两侧一定范围内的居民产生了不良影响。施工扬尘是主要根源，大致分为：施工道路扬尘、施工垃圾扬尘和施工生产扬尘。其次是生活扬尘，如整理物品、打扫卫生等。对于不同粉尘源制定相应的控制措施，如：场地沙土覆盖、进出路面硬化、车辆冲洗车轮、工地洒水压尘和尚未动工的空地进行绿化等。

（2）噪声污染控制

施工现场要对现场噪声进行调查，分区测量现场各部分的噪声频谱与噪声级，再依据相关的环境标准确定所容许的噪声级，获得降噪量后，设置合理的降低噪声的措施，进行吸声降噪、消声降噪或者隔声降噪，使得现场噪声不超过国家标准《建筑施工场界噪声限值》（GB12523-90）的规定或者地方有关标准规定。

（3）光污染控制

工程施工造成的光污染主要有夜间施工强光、电焊弧光等。夜间强光使人夜晚难以入睡，导致精神不振；电焊弧光会伤害人的眼睛，引起视力下降。为了减少对周围居民生活的干扰，采取应对措施。合理编制施工作业计划，施工作业尽量避开夜间与周边居民休息的时间；照明灯加灯罩，且透光方向避开居民；电焊作业进行遮挡，防止弧光外泄。

（4）水污染控制

建筑施工废水主要有施工废水、雨水、施工场地生活污水等，如不能有效地处理，势必影响周边环境。可以采用泥浆处理技术来减少泥浆的数量；洗车区设置沉淀池；生活污水经排油池处理后再排出等等措施。

（5）有害气体控制

有害气体污染包括建筑原料或材料产生的有害气体、汽车尾气、施工现场机械设备产生的有害气体以及炸药爆炸产生的有害气体等。绿色施工要求建筑施工材料应有无毒无害检验合格证明，杜绝使用含有害物质的材料；控制好现场相关的施工车辆、运输车辆以及大型机械设备排放的尾气；现场采取有害气体监控、预警措施，以防有害气体扩散等等。

（6）固体废弃物控制

固体废弃物主要是施工中产生的建筑垃圾和生活垃圾等。应提前制定建筑垃圾的处置方案；对现场及时清理，对建筑垃圾及时清运；尽量进行循环利用，做到废物再利用；对生活垃圾进行专门收集，禁止乱堆乱放，并定期送往垃圾场处理。

（7）地下设施、文物和资源保护

前期做好施工现场的环境影响评估，根据评估报告，对施工场地内的重要设施、文物古迹、地下的文物遗址、古树名木等，上报有关部门，并有针对性的制定保护方案，防止后期施工以后造成难以挽回的重大损失。

（四）绿色施工的原则

绿色施工是在工程建设过程中，在保证安全、健康、质量的前提下，通过科学管理和技术进步，最大限度地减少对环境的负面影响、节约资源（节材、节水、节能、节地）和提高效率的施工活动。

绿色施工作为建筑全寿命周期中的一个重要阶段，是实现建筑领域资源节约和节能减排的关键环节，是可持续发展思想在工程施工中的应用体现，是绿色施工技术的综合应用，是用"可持续"的眼光对传统施工技术的重新审视。

绿色施工以建造绿色建筑为目标，注重建筑物实体在建造和使用过程的"绿色"化；注重优选绿色环保建筑材料；注重选择先进的施工工艺、施工方法；注重分项工程的绿色验收和监督管理。通过净化施工过程，为绿色建筑营造绿色通道。一旦偏离营造绿色建筑的绿色通道，最终的建筑都将与绿色绝缘。实施绿色施工应对施工策划、材料采购、现场施工、工程验收等各阶段进行控制，加强对整个施工过程的管理和监督。

（五）绿色施工技术法律法规

2014 年中华人民共和国住房和城乡建设部及中华人民共和国国家质量监督检验检疫总局联合发布的 GB/T50905-2014《建筑工程绿色施工规范》，从九大方面对绿色施工的操作规范和评价标准做了严格定义和规范，包括施工准备、施工场地、地基与基础工程、主体结构工程、装饰装修工程、保温和防水工程、机电安装工程和拆除工程。同年，我国住房和城乡建设部还发布了 GB/T50640《建筑工程绿色施工评价标准》，对《建筑工程绿色施工规范》的实施情况进行评价。如，《建筑工程绿色施工规范》的 6.1 节地基与基础工程中明确规定：桩基施工应选用低噪、环保、节能、高效的机械设备和工艺；现场土、料存放应采取加盖或植被覆盖措施；土方、渣土装卸车和运输车应有防止遗撒和扬尘的措施。在《建筑工程绿色施工评价标准》5.0.16 条中，将"低噪"的定义更加量化，如土石方施工阶段，推土机、挖掘机、装载机等主要噪声源在昼间不得超过 75 分贝，夜间不得超过 55 分贝。明确的量化评价标准便于对绿色施工的应用情况做出明确的评价，监管部门可以明确地判断一个工程项目是否已完成绿色施工的要求。

（六）建筑工程施工绿色施工技术的作用

1. 降低对生态环境造成的污染

由于我国缺乏完善的建筑施工环境保护的相关法律法规，使得在建筑工程施工过程中，严重浪费建筑施工材料，并且还存在建筑垃圾没有得到及时有效处理的现象，不可避免地会对环境造成污染，例如：水污染、大气污染、噪音污染、垃圾污染、土壤污染等环境问题。因此，为了实现降低能源消耗、减少环境污染的目的，在建筑工程施工中应用绿色施工技术，不断提升绿色施工管理水平，确保建筑工程的质量，实现节能减排、降低生态环境污染的目标。绿色施工技术的应用，要求施工单位加强对建筑垃圾回收再利用的管理，这样不仅可以有效降低不可再生能源的消耗率，减少施工材料的浪费，而且还可以充分降低建筑垃圾对生态环境造成的污染，实现人类的可持续发展。同时，在建筑工程施工过程中，应用绿色施工技术可以充分实现对建筑施工中污水的处理，设置污水回收再利用系统，减轻水污染对生态环境造成的破坏。

2. 节约资源

绿色施工技术是绿色工程施工中的重要组成部分，绿色施工技术的应用可以最大限度地节约资源和能源、减少污染、保证施工安全，减少施工活动对环境造成的不利影响，实现与自然和社会的和谐发展。在建筑工程绿色施工过程中，应认真贯彻落实节地、节能、节水、节材和保护环境的技术经济政策，建设资源节约型、环境友好型社会，通过采用先进的技术措施和管理，最大限度地节约资源，提高能源利用率，减少施工活动对环境造成的不利影响。因此，在绿色施工技术应用的过程中，可以有效控制资源的使用情况，真正实现节约资源的目的。总之，绿色施工作为建筑全寿命周期中的一个重要阶段，是实现建筑领域资源节约和节能减排的关键环节。绿色施工在保证建筑工程施工质量、施工安全的基础上，科学合理的应用绿色施工技术，并且坚持高效利用资源、降低工程施工对周边环境的影响，在最大程度上节约资源、提高资源的使用效率。

3. 协调经济利益、生态平衡和社会发展三者之间的关系

在建筑工程施工过程中，经济利益、生态平衡和社会发展三者之间是互为条件、互相依赖、互相制约和互相促进的，然而，在实际的建筑工程施工过程中，由于人们常常只顾眼前利益，忽视经济发展与生态的关系，完全不顾及生态平衡的制约条件，使得建筑工程无法得到协调有效的发展。因此，为了充分满足当代人的生存发展需求，保护后代子孙的生存需求发展环境，为实现社会可持续发展做出贡献，建筑工程施工绿色施工技术的应用是建筑行业发展的必然趋势。在实际的建筑工程绿色施工过程中，应经济利益、生态平衡和社会发展摆在发展战略的地位，遵循它们的发展规律，将它们有效结合在一起，实现可再生资源可循环利用资源的充分应用，减少对生态环境造成的污染，降低工程成本，实现经济、生态、社会的和谐发展。

（七）建筑工程施工绿色施工技术的重要意义

绿色施工是指在建筑工程施工过程中，在保证建筑工程的施工质量、施工安全等基本要求的基础上，综合运用各种绿色施工技术，对建筑工程进行科学的管理，最大限度地节约资源与减少环境污染。绿色施工包括降低噪音、防止扬尘、减少环境污染、清洁运输、文明施工、采用环保健康的施工工艺、减少填埋废弃物的数量、以及实施科学管理、保证施工质量等。在建筑工程施工过程中实施绿色施工，不仅可以有效提高建筑企业的管理水平，提升企业竞争力，而且还可以推动企业实现可持续发展，提高建筑企业的综合效益。另外，在建筑工程施工过程中，水土流失加重，施工过程的施工噪声、地面扬尘和固体废弃物等都会对局部生态环境造成一定的影响，而建筑工程绿色施工技术的应用贯穿建筑工程建设的各个阶段，应运用先进的绿色施工技术以及科学的管理理念，确保建筑工程绿色施工顺利进行，充分实现降低能源消耗、减少环境污染、降低噪音污染的目的。建筑工程施工中应用绿色施工技术，不仅可以为建筑施工企业树立良好的社会形象，而且还可以有效降低施工造价成本，实现企业最大化的经济效益和社会效益。总之，在建筑工程施工过

程中，只有强力推进绿色施工，引导建筑企业主动推进绿色施工，广泛推进绿色施工的管理、技术和政策法规的系统研究，促进行业绿色水平提高。从而保障良好的城市环境秩序，有力推动城市良性发展。

第二节　绿色施工现有技术分析

一、施工场地绿色环保施工技术分析

建筑工程的施工过程若不加以控制，会产生大量的灰尘甚至有毒有害气体，还会产生扰民的噪音和污染环境的建筑废料等，对施工人员和周边居民的健康不利，也对环境造成了不良影响。因此，减少施工场地的环境污染是绿色施工技术应用的主要内容之一。建设过程中难以避免对于建筑材料的扰动，进而产生扬尘，另外很多建筑材料、产品等会散发出有机化合物的微粒，这些扬尘和微粒均会引起控制质量问题。这些威胁和损伤有些是长期的，甚至是致命的。对于需要在房屋使用者在场的情况下进行施工的改建项目，应更加重视这种情况。可保护施工场地环境的常见绿色施工技术包括：

合理安排施工顺序，尽量减少一些吸附性的建筑材料如地毯、顶棚饰面等暴露于污染空气中，以防被化学合成物污染过的空气会被吸附在这些材料上，对人体产生长久的伤害。

研发无毒、少挥发的建筑材料，并在施工过程中安排好临时通风系统或过滤设备，以达到局部过滤和净化的效果。

种植绿植，提高施工场所的绿化率，工地经常洒水，做清洁卫生工作，妥善存放可能造成污染的建筑材料、妥善处理建筑垃圾。

推广使用绿色环保的设备和工艺，如使用成品混凝土从而避免工地混凝土搅拌，即可大幅度减少施工现场的扬尘。

合理实施封闭式施工，防止噪音扰民，并采用噪音隔离装置，采用振动和噪音较小的建筑设备如无声振捣设备等。

二、节材与材料资源利用技术分析

《建筑工程绿色施工规范》对建筑施工过程的节约材料提出了详细的要求和规范，对用于结构、维护、周转和装修的材料，都提出了明确的节材措施和方法。

（一）优化脚手架和模板的搭建

受我国工程管理体制的约束，我国工程建设中木模板的周转次数非常低，有的仅使用一次就丢弃，十分浪费木材资源。《建筑工程绿色施工规范》提出了详细的优化脚手架等

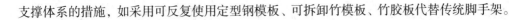

支撑体系的措施，如采用可反复使用定型钢模板、可拆卸竹模板、竹胶板代替传统脚手架。

（二）优化钢筋的加工与配送

钢材是可以重复利用的资源，但大量价格低廉的非标准长度通尺钢材却长期闲置，《建筑工程绿色施工规范》提倡钢筋的专业化加工配送，可以大量消化通尺钢材，降低钢材资源的浪费。

（三）推广预拌混凝土

我国目前大量的建筑施工项目使用散装水泥现场配置混凝土，不但容易出现质量不稳定的情况，如开裂、渗漏、空鼓、脱落等一系列问题，还容易浪费材料，对环境造成破坏。预拌混凝土可以有效解决这个问题，另外，改为采用商品砂浆也有利于材料的回收和再利用。

三、节水与水资源利用技术分析

水资源是人类赖以生存和发展的重要资源，并广泛应用于建筑施工过程的各个阶段。节水与水资源利用是绿色施工技术的重要组成部分。建筑工程绿色施工过程中，常见的节水与水资源利用技术包括以下几点：第一，采用提高水资源利用率的绿色施工工艺，如节水阀、节水振捣、污水回收利用等；第二，施工搅拌混凝土所需用水必须严格采取节水措施，严禁肆意用水浇筑搅拌和养护混凝土；第三，工程建设项目中的施工用水和生活用水必须分别采取不同的指标进行定额定量分析和计量；第四，一些大型工程建设项目往往包含多个自工程、标段和多个生活区，必须因地制宜，根据实际情况分别采取不同指标和方法进行分析和计量；第五，施工现场应对雨水和施工用的中段水进行搜集和回收，以利于回收再利用，提高水资源保护。

四、节能与能源利用技术分析

绿色施工技术的基本原则"四节一环保"中的节能，主要指的是对于电能的节约。《建筑工程绿色施工规范》当中明确规定，施工临时用电必须采用节能的照明灯具，例如声控、光控等灯具；照明的设计亮度不应过高，以满足最低照度为原则，照度不应超过最低照度的20%。为了提高对能源的利用率，可以通过以下几个方式来进行。第一，可以通过优化工序安排，提高各种机械的使用率和满载率，降低各种设备的单位耗能。制订合理施工能耗指标，提高施工能源利用率；第二，建筑施工应当优先使用国家、行业推荐的节能、高效、环保的施工设备和机具，如选用变频技术的节能施工设备等；第三，施工现场分别设定生产、办公和施工设备的用电控制指标，定期进行计量、核算、对比分析，并有预防与纠正措施；第四，在施工组织设计中，合理安排施工顺序、工作面，以减少作业区域的机具数量，相邻作业区充分利用共有的机具资源。安排施工工艺时，应优先考虑耗用电能的或其它能耗较少的施工工艺。避免设备额定功率远大于使用功率或超负荷使用设备的现象；第五，建立施工机械设备管理制度，开展用电、用油计量，完善设备档案，及时做好维修保养工作，使机械设备保持低耗、高效的状态；第六，选择功率与负载相匹配的施工机械设备，避免大功率施工机械设备低负载长时间运行。

五、节地与施工用地保护技术分析

在节地与施工用地保护方面，《建筑工程绿色施工规范》做出了明确的可量化规定。第一，根据施工规模及现场条件等因素合理确定临时设施，临时设施的占地面积应按用地指标所需的最低面积设计第二，施工现场要求平面布置合理、紧凑，在满足环境、职业健康与安全及文明施工要求的前提下尽可能减少废弃物用地和死角，临时设施占地面积有效利用率大于90%；第三，保持道路通畅，车行道和人行道分开，以提高交通效率；第四，松软的水土应种植绿植、防止水土流失。

六、绿色施工技术的发展趋势

随着科技的发展，新能源、新材料的出现为绿色施工技术的发展提供了新的契机。一些新型能源如太阳能、风能、生物能等，是非常环保的可再生能源，在绿色施工技术中充分利用这些新型能源是未来发展的新趋势。而环保砖、可回收建材等新材料的出现，也为节能、节材提供了新的发展动向。

在当前信息化时代，绿色施工技术也出现了利用互联网平台，趋向信息化的趋势。大量专业网络沟通和共享平台的出现，可以十分便捷地实现信息共享。借助这些网络平台，绿色施工技术应用过程中出现的技术难题可以十分便捷地通过互联网搜寻解决方案，甚至可以直接找到专业技术人员来解答和提供支持。新材料新工艺的出现也得以借助信息化平台实现迅速的传播和普及。更加全面便捷的绿色施工互联网支持平台的出现是绿色施工技术未来发展的新方向。

第三节 绿色施工理念在我国存在的问题

随着可持续发展的不断完善，绿色建筑的观念也逐渐被人们所熟知。但是，尽管国家现在出台了很多政策和指导意见，在中国推行绿色施工的实施状况仍然令人很担心，主要是因为人们都只停留在口头上而并没有付诸行动。许多建筑企业只是追求企业的效益和建设的快速发展，只是按照施工设计图纸、承包合同、工程项目的进度安排及工程预算进行施工，并没有把绿色施工技术作为一种新技术和新的管理方法对待，对此进行了忽略，也没有意识到利用绿色建筑施工技术可以有效提高企业间的竞争力，因此绿色建筑施工也就成了空洞的口号。

一、我国建筑施工存在的主要问题

（一）对资源占用及严重浪费

在中国，大多数城市都属于缺水城市，河水已受到严重污染。大量树木砍伐，耕地急剧减少，土地资源十分紧张。每年，仅仅是因为建筑材料的生产而消耗的不可再生资源有很多。与此同时，建筑施工活动占用了大量耕地，这就造成了土地资源的浪费，使我国的不可再生资源造成严重的浪费。

（二）能源浪费严重

在建筑行业中会用到大量的原材料，其中包含有水泥、钢筋、砂石等，这些建筑材料往往需要后期加工才能投入到工程中使用，在加工过程中会消耗大量的能源，例如炼铁需要煤炭等。此外，新技术在建筑领域的应用还不完善，不到位，从而就使中国建筑材料的保温隔热性能比较差，在这种情况下，我国的建筑采暖所消耗的能源就会很大，数值也高于世界国际水平。因此，降低建筑在运输和建材生产中产生的消耗显得尤为重要。

（三）环境污染严重

建筑垃圾在我国增长的速度很快，与建筑业的发展是成正比的。除了少量的金属被回收，大部分就成了城市生活垃圾。如：噪音污染，模板的安装拆除、清洁和维修，脚手架装卸、拆除，这些是在建筑施工中市民反应最强烈的问题。如水污染，建筑过程中大量的水资源消耗，以及在施工过程中产生大量的废水，包括混凝土浇筑废水、混凝土养护等废水。如大气污染，建筑施工过程中产生大量的粉尘，粉尘漂浮到空气中，加剧城市空气的污染。很多工地被要求整改就是因为施工现场不注意废水的排放，无组织排放，这样不仅影响施工现场的环境，还影响了周围居民的生活环境。

二、绿色施工推行存在的客观障碍

我国极力倡导的绿色施工之所以会面临如此的困境，究其原因我们可以从以下几个客观因素出发，分析我国推行绿色施工所遇到的障碍以及其所需要的成长环境。

（一）意识低、认识浅

世界环境发展委员会指出，法律、行政和经济手段并不能解决所有的问题，对未能克服环境进一步衰退的主要原因之一，是全世界大多数人都还没有形成与现代工业科技社会相适应的新环境伦理观。公民的绿色施工意识与环保意识是相辅相成、相得益彰的。

随着国民经济的迅速发展，九年义务教育的普及使得国民素质得到了很大的提高。根据 2007 年由国家环保总局宣布的一项"全国公众环境意识调查报告"中显示，中国公众的环保意识仍处于较低水平。报告显示，67.3%的人对"企业遵守环境保护法的自觉性"表示不满意或非常不满意；有66.3%的人对"民众的环境意识和行为"表示不满意或非常不满意；有60.6%的人对"本地政府的环保工作"表示不满意或非常不满意。从报告中我们可以看出，在环境保护问题上，公众对政府和企业存在有较大的依赖性。公众普遍认为，政府和企业应该承担起更多的保护环境的责任。然而，在目前的工程建设中，农村进城务工人员大多数还是处于下层的施工人员。作为工程建设施工的中坚力量，农民工普遍受教育程度较低，环境意识处于偏低的水平，对于绿色施工更是毫无观念。因而，他们在施工过程中往往会忽视环境保护问题和资源节约问题，而习惯于采用传统的高消耗、高污染的施工方法。这种现象在我国非常严重，若不及时加以控制，将造成的环境的不断污染和资源的巨大浪费。尽管施工人员的环境意识和绿色施工意识淡薄，但是政府和企业却未能及时地对施工人员进行绿色施工的宣传教育，这也是阻碍绿色施工推行的重要因素之一。

（二）法律法规不健全

尽管我国提出了许多关于绿色施工的方法、政策和导则，但是从真正意义上来说，它们都只是一些政府的指导性、技术性施工原则，并不具备法律效力。纵使施工单位不遵循这些政策导则，或者违反了政策，也不会受到法律制裁，逃脱法律制裁。要使绿色施工真正的落到实处，就必须将其上升到法律的高度和范畴。只有成了国家、地方法律同时，现行的建设项目招投标中，往往以低报价为原则，而并未把绿色施工作为强制规定的内容来进行审核。因此，这导致了很多项目建设从一开始就背离了绿色施工的原则。建设项目招投标中应该绿色施工作为一个强制的必须具备的内容进行申报和考核。我们只有以可持续发展的观点，从长远利益出发，将绿色施工上升为法律，使其具有强制执行力，才能为绿色施工提供保障。

（三）支撑体系不完备

尽管绿色施工的出发点是为了节省资源、保护环境，达到"四节一环保"的要求，但是由于我国的绿色施工刚刚起步，许多相关的支撑技术（例如低噪音施工技术、绿色建筑物流技术、现场监测技术、废弃物重新再利用等）还不完善，这就需要增加许多早期投资。承包商的目标是以最少的成本获取最高的利润，在规定的时间内完成项目建设工作。而一些中小企业资金有限，更是难以开展绿色施工。此外，一些新式绿色建材的使用也会增加施工成本，这就使得建筑不愿增加建造成本实行绿色施工。同时，绿色建筑施工的执行者——底层施工人员文化素质和环保意识偏低，要做好绿色施工工作必须对他们开展职业培训，这就增加了施工单位的成本，极大地挫伤了绿色施工开展的积极性。

（四）监督评价不完善

科学、合理、有效的监督评价体系能够检验项目绿色施工实施状况，并大力推动绿色施工的发展。国家建设部在2007年9月发布的《绿色施工导则》，提出了和绿色建筑和绿色施工的总体框架要点。许多专家、学者根据这一导则着手研究制定了不同的绿色施工监督评价系统，以便对建筑项目的绿色施工进行动态、量化考核。由于我国各地资源、能源分布不均，经济发展水平存在差异，生态环境承受能力不同，制定全国统一的监督评价体系并无多大意义。同样，监督评价体系的水平参差不齐，这也需要政府通过立法进行有效规范。因此，我们应该根据各地实际情况，制定具体的、可衡量的考核指标和统计评价制度来评定绿色施工水平。

第四节　绿色施工技术应用优化对策

一、加大绿色施工技术应用资金投入

施工单位对采用清洁环保的新型绿色施工技术持积极态度，绿色施工会直接改善施工人员的工作环境，并在一定程度上提升施工安全。然而，没有有效的资金投入导致绿色施工技术无法适时应用。大多数新型绿色施工技术，如降噪装置、污水处理装置等，以目前的技术水平，其耗资数目可观。而工程建设项目的投资方，如房地产单位，在做出最初资金规划时并未充分考虑到绿色施工技术应用的费用，或因贪图经济效益，有意降低绿色施工方面的预算。

首先，应充分宣传绿色施工的重要性，使更多技术和科研人员关注绿色施工技术。只有当一个研究方向具备优秀的发展前景，才能吸引更多的研究人员和投资方。政府及环境组织应设立更多绿色施工相关的专项科研基金，高校及科研院所才能顺利进行绿色施工技术的研发。为了改变因资金不足导致的绿色施工应用困难，最有效的措施是提高工程建设项目投资单位对于绿色施工的资金预算。投资单位不应一味追求经济效益而忽视节能环保，通过强制监管或宣传教育，使工程项目投资方认识到节能环保的重要性，从而在工程预算中充分考虑绿色施工技术应用所需的费用。

设计方和政府虽然不是导致绿色施工资金不足的主要因素，但如果设计方可以将绿色施工技术的应用强制纳入设计方案，并申请资金支持，将有助于争取更多的绿色施工资金投入。如果政府部门能够有效督促和监管绿色施工技术的应用情况，甚至强制要求投资方为绿色施工提供预算，必将极大地推进绿色施工技术广泛应用的进程。因此，提高绿色施工技术应用的资金投入，虽然投资方的责任为主，但需要多方支持和协调，所有绿色施工相关部门都应在提高绿色施工技术应用的进程中做出其努力和贡献。

二、加强绿色施工技术应用监管

政府监管和社会监管是绿色施工技术应用的主要监管措施。其中，政府监管是绿色施工技术顺利实施的关键点。现如今，我国各地区通常对于绿色施工的监管都是由环保部门负责，环保局有专门的工作小组，对于各工程建设项目的绿色施工情况予以监督，然而，对于不能满足环保要求的行为，只有相关行政部门才有处罚权。环保部门只有及时上报给相关行政部门，才能有效督促施工部门予以改正。这样的现状一方面导致执法效率降低，另一方面部分环保部门工作人员为图省事，对一些不满足环保要求的施工情况视而不见，使绿色施工的要求沦为空谈。要改变这种现状，必须对现有的环境保护执法流程进行重新整合，简化执法流程、规范执法措施并且加强执法力度，确保监管部门可以简单高效地与执法部门沟通协调，从而及时对执法不力的情况进行惩罚。

绿色施工的社会监管，主要问题为媒体公众平台披露渠道受阻以及质量诚信评价体系不到位。众所周知，媒体的披露带来的舆论力量可以在一定程度上遏制社会不良现象，弘扬正确的价值观。而大量工程建设项目有意隐瞒有背节能环保的施工现状，导致媒体公众披露渠道受阻。社会质量诚信评价体系的缺失也使很多工程建设相关机构试图钻空子、不严格遵守节能环保的规定还试图逃避惩罚。因此，要提高绿色施工的社会监管，就要为媒体和公众平台提供顺畅的披露渠道，并且建立起严格全面的质量诚信体系。譬如，开放专门的网络平台，以方便周围居民对于不节能环保的施工情况进行投诉。

最后，政府和环境组织应对优秀的新技术进行奖励，才能推进更多绿色施工新技术的研发。譬如，设立节能环保新技术研发奖项，对于研发出有效的节能环保技术者予以物质奖励；设置绿色施工优秀奖项，对于严格实施绿色施工要求的施工单位和项目予以奖励。

三、完善绿色施工技术应用法律法规体系

绿色施工技术应用法律法规体系的主要问题是其本身的不完善，存在较多的交叉和缺位。导致这种现象的原因是早期环境保护的法律制定存在一定的局限性，随着科技的发展，后期的法律法规与早期规范存在一些交叉甚至不相符合的地方，为工程建设单位的实施提供了困难。在专家访谈中，多位专家也认为提升法治建设对于推行绿色施工具有举足轻重的作用。在我国建设法治社会的进程中，只有完善的法律体系才能带来长久的规范作业和长足发展。因此，要推广绿色施工技术应用，就必须从规范相关法律法规做起，做到全面、明确、指导性强，才能为建筑施工作业人员提供明确的操作规程。

要规范绿色施工技术应用的法律规范，需要相关部门应重新修订建设相关法律，尤其是早期的已不能满足时代发展现状的法律法规，对其中的交叉和缺位进行整理和完善，做到法律法规明确全面。建设施工监管部门应对法律法规的实施情况进行严格的监管，对不符合绿色施工法规要求的地方及时提出，勒令改正；对于严重违法的行为，追究其相应的法律责任。而建设施工部门应严格遵守绿色施工相关法律法规的要求，不偷工减料阳奉阴违，对于实施过程中遇到的困难及时提出上报，积极寻求解决方案。此外，执法力度也是需要提高的因素之一。严格的执法、足够的执法投入，可以确保非法行为受到有效惩处，

从而敦促人们严格遵守法律法规的规定，顺利实施绿色施工技术的应用。

四、加强绿色施工责任主体人员培训

无论是绿色施工技术应用资金的投入不足，还是政府或社会的监管力度不足，归根结底都是由于责任主体人员的重视程度不足。只有当建筑施工各单位责任主体人员充分认识到绿色施工的重要性和必要性，才能从根本上落实绿色施工技术应用的要求。因此，加强绿色施工责任主体人员的培训才是落实绿色施工的根本途径。绿色施工技术的应用存在的问题原因主要是由于施工主体人员素质不足包括质量法律普及不到位，施工人员设备不足且不专业两个方面。要提高施工主体人员的素质，应从这两个方面分别着手。

首先，需提高我国全体人们对于绿色施工质量相关的法律的掌握程度。在相关调查中发展，部分施工人员从未了解过绿色施工相关的法律条款，而一些责任相关人员，在法律体系不健全的情况下，往往只了解部分条款，容易出现断章取义以偏概全的情况。因而，要推进绿色施工技术在建筑工程施工中全面实施，必须加强对于相关法律体系的教育和宣传。具体措施可以定期为施工单位相关责任人员举办普法讲座，对绿色施工相关的法律法规进行宣讲，并定期邀请环保部门、行政主管部门及施工单位相关责任人员对于节能环保的现状和具体要求进行沟通，使施工部门相关责任人员明确其职责和行为准则，不存在相关法律法规知识上的盲点，以指导其施工行为。

其次，应对施工人员进行绿色施工技术的教学和推广，使常见的绿色施工技术能够被现场工作人员掌握，包括怎样高效利用水、电、材料、能源，怎样在环保的前提下，顺利高效地完成施工任务。对于最新研发的节能环保材料和器材，应予以推广，并请专业技术人员进行示范，以便现场施工人员充分利用，实现节能环保、可持续发展的工作目标。

最后，还应加强对施工相关工作人员的文化培训，提高其文化素质和修养。通过系统的培训，使施工相关工作人员了解到节约能源和环境保护的重要性，意识到地球是一个完整的生态体系，破坏环境的后果必将由人类自己承担。环境保护不仅仅是政府的责任，更是每一位公民的责任。认识到绿色施工的重要性是充分落实绿色施工的前提条件。最后，要继续规范专利申请制度，确保新的技术得到保护，确保创新性人才的利益得到的保证，以鼓励科研人员进行研发的积极性。一项绿色施工新技术的发明者通过专利申请，其发明权益将得到充分的保护，是我国绿色施工技术研发走向规范化的重要前提。

五、优化绿色施工技术的动态管理

（一）前期准备

对于建筑工程来讲，前期准备是后期工作开展的坚实基础，是防止建筑工程施工中出现纰漏的有力措施，能在一定程度上避免施工现场出现混乱的局面。施工前期准备工作具体包含：检查施工材料是否满足相关规定，其中包括材料型号、材料质量、材料出厂地、材料数量等；依据工程施工实际情况编制科学的施工方案，确定每个阶段的人员与任务安排，要确保每个阶段施行都有对应的负责人；对建筑工程施工整体进行实时监管，构建管理方案；检验施工设备质量是否合格，若有问题切勿投入生产。

（二）制定方案

方案制定需紧紧围绕绿色环保这一主题，为绿色施工技术的现场实施提供科学依据，主要方法包括：向有关人员要开展的工作，进行相关技术培训；对于认识不充分的工作人员需要积极宣传绿色施工的优势，确保其工作满足相关规定。

（三）施工控制

该环节为建筑工程能否成功的关键点，为此需做好有关工作安排：

1. 节省施工占地面积和施工材料

材料损耗为建筑工程资金投入最多的地方，材料的耗费一定会致使资金大量流失，进而影响企业经济效益。施工企业需谨慎购入施工材料，切勿因贪图便宜而购入质量不佳的产品。此外，要做好施工材料运输线防范工作，在实际运输中做好防腐、防潮以及防爆的工作。对现有的施工材料进行科学配置，减小能源耗用量，比如利用环保材料和高性能混凝土。在对施工现场进行改造时，切勿占用太多额外场地，在现有场地的基础上再加工，进而减少投入成本，这也展现了绿色环保理念。在展开桩基础建设工作时需选择较开阔的地方，在实际施工中一定要保证监测与管理工作的实效性，科学安排打桩方法，且利用对应策略降低挤土效应发生率。

2. 环境保护

以往的建筑工程会造成极大的浪费，也会影响周边环境，且在某种程度上影响周边居民日常生活。动态管理结构内需构建对应的管理策略，将绿色施工的环保价值充分展现。在装修与安装上，需加大对噪音与垃圾控制力度，加强电路保护工作，尽可能减小对周边环境影响。在实际安装中需合理设计位置，保证其造成的污染降到最小。在具体装修中需要保证室内通风，并利用污染指数相对较小的材料装修房屋。

3. 减小能耗

建筑工程绿色技术还需在能耗方面有控制措施。能耗方面主要是水资源与电能的消耗。为此，在运用水资源的工程内需科学设计管道路线，合理布设排水系统，防止发生管道破裂的状况，进而提升水资源应用效率。在电能消耗方面，需对施工设备、施工照明进行有效控制，只要电力满足标准，且可以投入运用即可，切勿出现过多损耗。

4. 质量检查

动态管理从字面上看包含规划、落实、检查以及验收这四个阶段。建筑工程绿色施工方案在施工结束后需加强质量检查与验收工作,充分反映施行结果。第一,对建筑工程展开验收工作,在工程施工结束后,要求设计单位、施工单位、监理单位一同进行检查,对此工程展开全面考评,探究建筑工程功能是否存在缺陷;第二,需对绿色方案落实效果进行全面分析,科学评价其运用价值,依据施工材料的购入、施工设备的质量、人员的落实力度以及成本投入等方面展开评价工作,需保证评价整体流程的规范性,纠正其存在的不足,并构建切实可行的优化策略。

第二章 建筑工程安全管理

第一节 建筑工程安全管理概述

一、建筑工程安全管理概念和范围

（一）建筑工程安全管理概念

建筑工程安全管理主要是指与建筑工程相关的部门及企业按照相关法律法规及技术标准进行计划、组织、指挥、控制、监督、调节和改进等保证建筑施工安全进行的管理活动。工程安全管理主要是指依据法律法规及技术标准，并根据工程不同，创建相应的安全施工环境，确保人员的安全、设备的安全及环境的安全。建筑工程领域的安全管理，主要体现在工程施工方面的安全管理，因此各相关部门及企业只有按照相应的要求对建筑施工进行安全管理，制度相关责任制度、提高相关人员的安全意识，才能确保建筑施工在安全中顺利进行。建筑工程安全管理是每个建筑相关企业及单位必须认真对待的重要课题。

树立"安全第一"的理念，即生产虽然重要但必须保证施工人员的人身安全，这就是要求管理者及施工人员必须树立安全的观念，经济发展同时也要注重安全。当生产中出现安全问题，必须先解安全问题，保证了施工人员的人身安全，施工才能进行下去。对于安全隐患及重大危险源的处理，须严肃认真对待，不要抱侥幸心理，存在安全隐患就需要对其进行消除，确保安全，对于重大危险源进行严格的管控，保证周围的安全。

（二）工程安全管理范围

工程安全管理的范围非常广泛，包括工作勘察、工程设计、基础工程、装修工程、验收及使用维护等工程建设的全过程；要求建设单位、勘察设计单位、施工单位、监理单位、安全监管部门等全方位的参与；工程安全管理要求工程总包单位、工程分包单位、项目各班组长、项目参与人全体工程建设的人员参与；工程安全管理要求全过程、全方面、全体工程参与单位和人员的参与，不单单是安全管理人员、项目经理、监理人员的事情。

二、建筑工程安全管理的特点

（一）广泛性

由于建筑工程规模大，生产工艺复杂、工序较多，在建造过程中流动作业多、高处作业多、作业位置多变、遇到不确定因素多，所以安全管理的工作内容非常广泛、涉及范围大、控制面广。安全管理不仅是施工单位的责任，还包括建设单位、勘察设计单位、监理单位，这些单位也要为安全管理承担相应的责任与义务。

（二）动态性

第一，由于建筑工程项目的单件性，使得每项工程所处的条件不同，所面临的危险因素和防范措施也会有所改变。例如，员工在转移工地以后，熟悉一个新的工作环境需要一定的时间，有些制度和安全技术措施会有所调整，员工同样有个熟悉的过程。

第二，工程项目施工的分散性。因为现场施工是分散于施工现场的各个部位，尽管有各种规章制度和安全技术交底的环节，但是面对具体的生产环境的时候，仍然需要自己的判断和处理，有经验的人员还必须适应不断变化的情况。

第三，安全生产管理的交叉性。建筑工程项目是开放系统，其受到自然环境和社会环境影响很大，安全生产管理需要把工程系统和环境系统及社会系统相结合。

第四，安全生产管理的严谨性。安全状态具有触发性，安全管理措施必须严谨，一旦失控，就会造成损失和伤害。

（三）复杂性

我国幅员辽阔，地区差异性大，地区间发展不平衡，建筑企业数量众多，各个企业的规模、资金实力、技术水平参差不齐，复杂的情况使得建筑安全管理也变得极为复杂。另外，工程建设有多个参与方，管理层次比较多，管理网络比较烦琐。

（四）法规性

建筑安全管理面对的是整个建筑市场、众多的建筑企业，安全管理必须保持一定的稳定性，必须通过一套完善的法律法规体系来加以规范。

（五）渐近性

建筑市场在不断发展变化，宏观管理部门需要针对出现的新情况、新问题快速做出反应，包括各种政策和措施以及法律法规的出台等。这个过程不可能一步到位，只能走渐近式的发展过程。

三、建筑工程安全管理对象和实质

建筑工程安全管理的对象是建筑工程的从业人员、所用的机械设备、各种物料及周围环境。就其实质而言，主要包括以下几个方面：

（一）建筑工程安全管理是系统管理

建筑工程安全管理是由人、社会环境、技术、经济等因素构成的大协调系统，包括各级安全管理人员、安全防护设备与设施、安全管理规章制度、安全生产操作规范和规程以及安全管理信息等。因此，建筑工程安全管理需要从系统的观点出发进行分析和控制管理，同时需要多因素的协调与组织以保证其得到有效实现。构成安全管理系统的各要素是不断变化和发展的，它们既相互联系又相互制约。高效的安全管理系统需要在整体规划下明确分工，在分工的基础上进行有效综合。随着系统的外部环境和内部条件的不断变化，必须及时掌握系统内各子系统的信息，以便及时采取针对性的措施。建筑工程安全管理系统必须构成一个闭合的回路，才能使系统发挥良好的效果。

（二）建筑工程安全管理是危险源管理

在建筑工程安全系统的构成中，存在人、设备、物料、环境。在安全生产过程中，这些因素往往会导致一定的危险环境、危险条件、危险状态、危险物质、危险场所、危险人员、危险因素，这些都构成了危险源，只要有施工生产，就存在危险源。因此，建筑工程施工安全管理就要采取各种方法控制危险源，减少其危害形式，降低危害发生的可能性。

（三）建筑工程安全管理是人本管理

建筑工程安全管理必须把人的因素放在首位，体现以人为本的指导思想。建筑工程安全管理的一切行动都是以人为本来展开的，都需要人来掌管、运作、推动、实施，每个人都处在一定的管理层面上。安全管理的效果如何，从某种意义上讲，往往取决于管理者和广大从业人员对安全的认识水平和责任感。安全生产以人为本的管理理念，就是从关心和保护人的思想出发，事事考虑职工的切身利益，考虑职工的安全与职业健康。同时，采取各种方法提高各级管理人员和操作层人员的安全意识和安全知识，以高度的责任感，采取有效的安全防范措施，为从业人员提供安全保障条件，让所有人员都参与到安全生产管理之中，以此来弥补管理缺陷。

（四）建筑工程安全管理是预防管理

事故发生是多种因素互为因果连续发生的最终结果，只要诱发事故的因素存在，就会发生事故。因此，建筑工程安全管理的重点就是在可能发生人身伤害、设备或设施损坏和环境破坏的场合，对危险源采取有效的管理和技术手段，减少和防止人的不安全行为和物的不安全状态，开展预防管理。

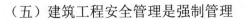

（五）建筑工程安全管理是强制管理

系统管理、危险源管理、人本管理、预防管理都需要通过强制管理来实现，就是采取强制手段控制人的意愿和行为，使个人的活动、行为等受到安全管理要求的约束，实现预定的管理目标。

四、建筑工程安全管理的必要性

（一）安全生产与经济效益是辩证统一的关系

首先，安全生产是经济效益的基础和保证。建筑企业搞好安全生产工作，可以避免因伤害事故造成的损失，直接或间接地提高企业的经济效益。在企业层面，一方面，伤亡事故将对企业的发展及其社会形象产生影响，如工效、企业信誉、人的生命与健康价值、社会与环境价值等，良好的安全业绩不仅增强了企业的市场竞争能力，而且带来的包括人的生命健康在内的潜在社会效益是无法用货币估量的，在谋求社会和谐发展的大环境下，这种社会效益比经济效益更有价值和意义；另一方面，事故预防能够带来利润，包括减少可以预期的损失、节约消费支出或者带来额外收益。

其次，良好的经济效益能够更好地促进企业安全生产。在企业安全管理处于一定水平的条件下，增加安全投入，可以减少事故的经济损失，创造效益；而随着企业生产的发展，经济效益改善和提高后，安全投资也随之增加，安全业绩也会有所提升，事故经济损失也会逐渐减少，在这样的情况下，企业安全生产将处于良性循环状态。

（二）安全投入会带来收益

安全投入包括多方面的内容，如安全检查、配备安全人员、安全培训、个人保护装备、安全委员会、事故调查、安全管理制度、安全奖励计划等。只要安全投入到位、安全防护措施到位、安全管理意识到位，安全投入才会取得最大的收益。据世界银行估计，70%的伤害事故导致的损失可以通过合理措施和外界干预来降低。从这个角度来看，安全投资确实能够创造利润，而且安全投入带来的包括人的生命健康在内的间接效益更是不估量的，在安全生产活动中，我们应当树立安全投资带来收益的经济意识，充分做好安全生产的预防性工作。

（三）安全生产与企业的市场竞争联系密切

安全是进入市场的通行证，是参与市场竞争的有力武器。就国内建筑市场来说，一方面，随着各项安全制度的完善，建筑企业的安全业绩将与企业的效益以及企业的市场竞争力产生直接的联系。安全业绩好的建筑企业，不仅可以减少因安全事故造成的损失和保险费用的支出，而且可以提高企业的声誉、增强企业的市场竞争力。总之，良好的安全业绩将为企业进一步提高生产力水平和扩大市场份额打下坚实的基础。另一方面，良好的安全业绩将会创造一个安全健康的工作环境，这会对工人产生积极的影响，使工人安心工作，提高工作效率，更加注重质量的控制，而优良的工程质量业绩也将为企业赢得更多的订单奠定坚实的基础。同样，良好的安全业绩也能够帮助我国建筑企业开拓和占领国际建筑市场。

（四）安全生产是保障人权、构建和谐社会的需要

安全生产是尊重和保障人权的一个重要组成部分，是对人的生命权、健康权、安全权的维护。保障劳动者和公众的生命安全与健康，落实安全生产、做好劳动保护工作，是重视人权、尊重人权最重要和最基本的原则。使所有劳动者的安全与健康得到保障是社会公正、安全、文明、健康发展的基本标志之一，也是保持社会安定团结和经济持续、稳定、健康发展的重要条件。只有为每一位劳动者提供一个安全健康的不断持续改进的工作环境，才能使他们有一个基本的生活保障和幸福美满的家庭，从而才能构建社会主义和谐社会。

五、安全管理对建筑施工企业发展的意义

建筑行业作为高风险行业，出现伤亡事故的频率高；当前大规模、高数量、高需求的工程建筑越来越繁杂，工程项目内部结构越来越复杂，现代化机械装备的运用、缩短工期、追求美观效果，赶超施工速度进行效率比拼等，更加导致了事故伤亡的发生。虽然建筑安全事故的发生有其行业的高风险，有建筑市场不规范等各方面的原因所决定，但最主要原因应该还是施工企业安全责任落实不到位、安全生产管理体系不完善、安全费用投入不足等几方面。

工程建设涉及很多方面，牵扯着众多的相关产业，其安全风险不仅是只针对施工单位一方，工程中所涉及的各方都将面临看似不同实则结果相同安全风险。而在我国，随着建筑相关的建设项目在持续的完善、成熟、与规范、规模化，安全管理将在各个领域得以应用的更加广泛。安全风险普遍存在于每一个项目中，作为企业，应该学会如何能更好地控制在项目进行的过程中有可能出现的安全风险，避免各种安全事故的发生，保证项目能够顺利地进行，从而达到为公司盈利、为国家避免损失的目的。所以，企业应该在日常的企业管理过程中，时刻记得对安全风险加以防范和控制，明确安全管理在项目进行的过程中的必要性，减小安全事故的发生率。下面我们将一一说明。

（一）企业竞争力的提升与安全管理密切相关

企业的资质与它的声誉在很大的程度上决定了这个企业的发展远景，以及它在市场上是否具有一定的竞争力。由此我们可以看出，一个企业的竞争力，不再仅仅取决于它的资金力量，良好的管理团队，高素质的团队成员，健全的安全风险监管机制，都在很大程度上减少安全事故的发生，降低企业在项目实施的过程中的安全风险。避免了企业信誉的损失，才能在这个经济变化迅猛的市场经济下，保持持久的竞争力，为企业未来的发展奠定下良好的基础。

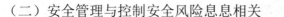

（二）安全管理与控制安全风险息息相关

通过对近年来建筑行业中出现的安全事故进行详细的分析与总结以及国家在安全规范方面的相关要求，建筑企业应该及时在相关项目的实施前应该对项目进行安全风险评估，积极地预测、分析在项目实施的过程中存在的安全隐患，及早地做出预防措施，做好相关预防预控工作，减小类似事故的发生率。企业应该正确地认识控制安全风险的重要性，正确地认识到安全风险与风险对于企业来说造成的原因是相同的，都是由于在整个项目执行的过程中，存在着难于预见的不确定性造成的。在建筑行业实施建筑项目的过程中，由于建筑行业本身所具有的高危险性，无法在项目的执行过程中预见在此过程中有可能发生的安全方面的状况，例如：发生安全事故，如果发生了安全事故，也无法预测这次安全事故发生的原因、规模以及它所造成的在社会上的影响力。所以，相关企业应该积极建立相关机制，做好对安全风险的控制工作，做好安全事故的预防工作。在项目实施的过程中，时刻强调安全管理的重要性，逐步的深化对安全风险的控制、预防意识，进而促进企业在安全管理方面的水平的提升。

（三）相关项目的顺利实施

一个工程要尽最大的可能创造盈利空间，就要从方方面面做出改变。比如，在项目实施期间，我们要尽可能地控制项目成本，使项目成本在保证项目安全实施的前提下，尽量控制成本；又如，确保项目在工期内完成，及时地进行工程的交付，以保证企业项目能正常运行，将企业可能面临的损失降到最低。以免企业在面临经济损失时，资金链断裂，影响相关项目的正常进行，甚至造成项目弃工而失败。从这两点我们可以看出，安全管理在一个项目中所起到的巨大的重要性，建立相关的安全管理机制对于建筑企业来说也是至关重要的。

（四）建筑企业经济效益与安全管理息息相关

安全事故的发生是无法预料的，而在事故发生之后所会造成的影响和损失因为是无法量化预估的。企业可能在经济方面有一定的损失，但在声誉上的损失是很难挽回的。无法预见的安全事故，企业应该在企业内部建立相关控制安全风险机制，将安全风险控制在一个可控的范围内，减少安全事故的发生，提高企业内部的安全管理水平，从而提高建筑企业的经济效益。

第二节　施工安全事故的诱因

在建筑施工中发生的生产安全事故，包括造成人员伤亡和未造成人员伤亡的事故。施工安全事故的发生都是由于存在事故要素并孕育发展的结果。如何有效的控制和降低安全事故的发生概率，其中一个重要因素就是要对施工安全事故发生原因的分析及了解。因此对施工安全事故诱因分析显的相当必要。从辩证的角度来看，一切事物的发生都有其客观性和主观性。正所谓任何事物都存在一定的内在联系。凡事不会无缘无故的发生，我们为何要研究事故的发生其主要目的在于寻求降低安全事故发生的概率。建筑施工安全事故发生的原因和其他任何事故相同，归根到底都能归结到"4M"要素中，即：人（Man）、物（Machine or Matter）、环境（Medium）和管理（Management）的因素。

（1）人的因素

人的因素一般来说就是人导致事故发生的一些不安全行为。这些行为通常也被称为人工作的失误。人为失误指的是人为的使系统发生故障或产生不利于系统正常工作的行为，即能造成人的重大失误的行为。这种失误可以分成两种情况：随机失误及系统失误。前者主要是指人有主观意识，但因某种原因如看错、听错或说错等受到环境因素影响而造成的失误行为。后者主要指因工作环境而产生的失误。引发这些不良行为的因素有很多，主要包括生理因素（如带病上班、反应迟钝、近视、耳鸣、残疾等有生理缺陷的原因）、教育因素（包括相关法规制度的不明、受教育程度不高、自身接受能力有限、安全意识差、业务不娴熟及经验少等）、心理因素（如自负、性格暴躁、行动草率、家庭不和、过分敏感、懒惰、不合群、注意力分散、有很强的抵触情绪等）及环境因素（如空间不够，环境脏乱差，通风不良，设备不可靠等等，难以让人以愉快的心情和乐观的心态面对工作）等。

（2）物的因素

在建筑施工生产活动中，物的因素主要是指物处于一种非安全状态，这也是直接导致安全事故发生的原因之一。由物的因素从而导致事故发生的原因主要有机器设备、钢筋混凝土、塔吊的高空坠落等。由于物体本身所固有的破坏性和影响力，决定了物也是影响施工安全事故的因素之一。当物具有引发安全事故的可能时，我们称这个物处于物的不安全状态，与人的不安全行为相对应。据日本的统计资料表明，休工8天以上的伤害事故中，91%的事故与物的不安全状态有关；休工4天以上的伤害事故中，84%的事故与物的不安全状态有关。物的不安全状态，是随着生产过程中的物质条件的存在而存在，是事故的基础原因，它能由一种不安全状态转换为另一种不安全状态，由微小的不安全状态发展为致命的不安全状态，也可以由一种物质传递到另一个物质。事故的严重程度随着物的不安全程度增大而增大。

（3）环境因素

环境因素指的是环境质量或环境状态不佳。在建筑施工活动中，人和物都会受到现场环境的影响，处于不良状态的环境同意会影响到人的状态和物的状态。继而对人的行为产生影响，在一定程度上也会对现场施工的机器设备有影响。由于建筑工程施工的特殊性，以及生产活动的露天性，决定了施工现场环境因素的影响必须是所有施工人员要考虑到的。气温的高低、风的大小、是否雨雪天气等都会对现场施工人员的操作及判断造成一定程度的影响。势必会加大建筑施工难度。因此，较多的施工单位选择在恶劣天气来临时停工或间歇性开工，以避免由环境原因导致的安全事故。

一般来说，施工安全事故的发生都会存在人和物的因素的直接或间接的作用。但是施工事故发生的背景条件均是由客观环境所决定的，这就会引起影响事故发生的人的因素和物的因素的交叉，客观上进一步的给建筑事故的发生和发展埋下隐患。所以，环境的因素是通过人和物的因素来对事故的发生产生影响的。

需要注意的是，就一个企业来说的话，如果企业里的每一个人包括领导至员工，都非常注意安全文化的发展，人人重安全，人人讲安全，每个人都有足够的安全意识，逐渐在企业中形成一种特有的安全文化，这样便有力地保证了施工生产的安全性，否则相反。也是就指出了人文环境也是一个必不可少的因素。

（4）管理因素

前面所讲的人的因素及物的因素所带来的人的不安全行为和物的不安全状态，都仅仅只是事故发生的表面原因，进一步的研究就能发现，安全事故的发生的深层原因在于管理水平的差异。造成安全事故的因素有各种各样，归根结底还是归结于管理体制的原因，包括管理的规则制度、管理的程序、监督的有效性以及员工训练等方面的缺陷等，是因为管理失效而造成的安全事故。根据大量的数据资料显示，绝大部分事故发生的原因是管理缺乏或管理混乱。而对于无法避免的环境因素，我们可以使用正确适当的管理措施将影响的程度降到一个可控范围内。建筑生产系统中，管理缺乏或管理不善主要有：领导者对管理水平的不重视，施工人员操作不遵守规则制度或规则制度不完善等。由于管理的不到位，造成了人为的不安全行为的出现，再由人的不安全行为引发了物的不安全状态，最后造成了施工安全事故。由此可见，改善和提高建筑安全管理水平是实现建筑安全生产目标的重要手段，这也将是我国建筑业在未来一段时间努力的方向。随着科学技术的发展和生产规模的扩大，以及现代安全管理的发展，由分散的安全管理向综合安全管理发展，由传统的安全管理向现代的安全管理转化必将成为建筑安全管理的发展趋势。

第三节　建筑施工安全文化管理及安全生产教育

一、建筑施工安全文化管理

随着社会的进步，科技的发展，越来越多的人员投入到了建筑业这一具有很大前景但又充满挑战的行业。随着我国建筑业的逐步壮大，也拥有了很大一批专业的技术管理人才，我国的建筑安全管理水平也进入了一个新的阶段。但也有越来越多的人开始意识到，拥有足够庞大的管理人才数量还不够，我们必须要构建适合自身发展的相应的管理体制，并且要按照建立的正确可行的体制坚定不移地走下去。那么，安全文化的建设就显得必不可少了。以为它能统一人的思想，保证企业员工快速高效的进行生产。进一步减低因安全事故造成的人员伤亡。

（一）施工安全文化的概念及内涵

1. 建筑安全文化概念

安全文化就是指人们为了安全生活生产所创造的文化。安全文化概念是1986年首次被提出的，当时这一概念的出现引起了各界人士的普遍关注。安全文化其实是客观存在的，只是在一定历史条件下才被发现并提出，这也使得更多的人开始关注和重视这一问题。

安全文化对决策层、管理层、执行层有各自不同的要求。既要求决策层能建立科学可行的安全管理制度，又要求管理层及执行层对这些安全法规及制度毫无保留的执行。这就要求企业要建立科学的管理制度，不仅如此，还要求企业各层人员对制度及章程的绝对服从，要有绝对的执行力。安全文化建设能有效地提升安全管理水平，完善安全管理体制。

实践证明，大多数建筑施工安全事故的发生，多是由于人的不安全行为导致的。人的不安全行为既是人的某些行为上的失误。人的行为失误主要是其安全文化素质低。没有接受系统的专业文化教育，所以加强安全文化建设势在必行。从文化的本质来看，人的活动始终紧密地与文化概念联系在一起。用一些正确、积极合适的文化概念来指引人的行为，能够自然的提高人的素质，发挥人的活动对安全的积极因素。从而让每个人都具有较高的责任感和自觉的敬业精神。因此，文化自古以来就是和安全紧密相关的，实行安全文化培训的最终目的就是帮助每一位建筑职工建立科学严谨的生产观、安全价值观，继而在企业中形成一种人人负责，人人遵守安全守则的文化氛围，在每个人的内心中牢固树立安全第一的价值观，坚持做到不伤害自己，不伤害他人，不被他人所伤害。

2. 建筑安全文化内涵

安全文化是以一定介质为载体，通过载体的传播来达到其提高人的意识及规范人的行为的目的。人在保证"安全第一"中是最积极、最关键的决定者。企业高层管理者应该为建筑项目的安全保障工作建立起一种氛围，作为企业的决策层，他们必须要相信，项目良好的安全状况绝不会是偶然出现的，而就由于全员都执行了良好的安全计划的结果，这就要求企业时刻对员工进行必要的安全文化宣传工作。在很大程度上，对于安全状况的关心是出自对公司建筑从业人员福利真正关心的一种自然结果，对于施工企业的管理者来说，其在人道方面的作用在真个安全文化中都显得尤其重要。

现阶段对安全文化的普遍认识就是一种积极的安全文化涉及强有力的领导和对"安全道德"的重要承诺。而且他涉及与整个劳动力的沟通和磋商以及他们在预防工作中的事故和疾病方面的积极参与。一个企业的所有阶层都具有安全意识的态度和行为是十分重要的。这就需要安全文化建设来实现这一目标。

一般来说，积极的安全文化能够从三个方面改善企业的安全事故问题。第一，强有力的领导和对高标准的职业安全与健康的明显承诺。职业安全与健康在实践以及理论上需要具有真正的优先权，以便使此类标准不会由于相互竞争的期望和需要而受到损害；第二，普遍的安全意识。职业安全与健康意识和认识应当是一个共享的或者共同的责任，而且职业安全与健康责任不应从智能上被局限于或归属于具体的单位；第三，当事故确实发生时，整个企业应具有一种吸取经验的坦率态度。个人负责还应伴随有考虑更广泛的责任问题的意愿。综上，为了推动安全文化在建筑业的发展，改善建筑企业的安全业绩，我们应该全方位的安全文化，在普及社会文化的基础上，有针对性地推进企业安全文化的建设。

（二）企业安全文化的建设

安全文化建设需要全社会、全行业的共同参与，这对营造一个珍惜健康生命、重视安全生产的社会氛围十分重要，但是安全文化最终还是需要落实到企业，才能发挥它应有的作用。因此，建筑施工企业有必要加强自身企业文化的改善和提高，将企业蕴含的企业文化或企业理念灌输到每个员工的心中，如果安全已经成为建设项目或企业中所有员工无刻不在的观念，那么企业在企业所建立的安全文化所起到的效果则是立竿见影。简而言之，安全的观念应该深深地根植于所有员工的脑海中，使他们自觉的按照安全的方式去完成各项工作任务。

1. 安全文化建设的特点

安全文化建设是人类文化建设的一部分，属于观念、知识及软件建设的范畴。安全文化建设既是社会文化建设的一部分，也是企业文化建设的一部分，因此，安全文化建设具有一般文化传播及建设的共性，既可以通过学校及各种信息传播媒介等正式的方式传递，又可以通过家庭及社会交际等非正式的方式熏陶及传播。安全文化建设可分为以下两个方面：

（1）基础安全文化建设

基础安全文化属于国民普及文化的一部分，因此基础安全文化建设应是中小学及幼儿教育的一部分，这是基础安全文化建设的主渠道。另一个渠道则是家庭教育，而对于成人，主要接受的基础教育则是来自于社会。

（2）专业安全文化建设

专业安全文化建设主要有两个渠道，一个是在校期间的学习，另一个是进入企业后的企业培训。在校学习包括各种职业高校、理工科及工艺性大学的教学计划所有关于安全文化的课堂教育。企业培养是专业安全文化建设的一个十分重要的途径。若一个企业仅仅只关注的是眼前利益，对企业的安全文化建设毫不在意，那么企业拥有再多的专业技术人才也保证不了企业的施工安全性。

2. 当前企业安全文化建设的方法

通过提高企业各级员工的安全素质，可以改善建筑单位各层次人员的安全行为，保障建筑施工安全生产的顺利进行。当前我国的情况是基础安全文化建设十分薄弱,企业的专业文化发展水平也不高,因此企业不可能只单单进行专业的安全教育。

基础安全文化与专业安全文化既有相互渗透的部分,又有相互衔接的部分。两类安全文化建设既具有相互独立的建设内容和方法,也具有两者共同的内容或相同的方法,因此两类安全文化建设可以同步进行。将基础安全文化寓于专业安全文化之中,贯穿于安全生产活动之中,使之相辅相成的进行培育。因此,企业需将安全文化的建设放到企业发展的日程上来,理论联系实际,结合现有的规则制度、安全法规等,一切从实际出发,本着实事求是的态度,切实做好安全生产工作。

企业安全文化培育方法主要有三种。第一,企业应不间断地进行各种安全教育工作,对象应包含企业内的各个阶段的人员,教育的内容主要为施工安全技术、良好的工作态度以及正确的工作观念等;第二,企业还应经常组织不同部门员工进行各种安全法律、法规、制度的学习,以加强员工对安全生产重要性的认识。培养员工的正确的安全生产价值观。这样有利于企业各个层次的员工对企业文化的认可,既能完善企业的管理制度,又能保障从业人员工作中安全性的提高,降低了安全生产事故的发生概率;第三,企业应利用合理的宣传手段以及制定有效的奖惩措施,对安全生产工作表现良好的员工进行一定程度的奖赏,对态度差、屡教不停地要严格处罚。同时运用各种宣传工具对先进事迹进行宣传,向企业各部门贯彻落实科学、严谨的安全生产观、安全价值观。

3. 企业安全文化建设的关键及作用

企业安全文化建设的关键是企业领导层的安全文化素质。美国的建筑行业里有不少单位的安全事故发生率极低,主要原因其实就是管理者自身文化水平高,对安全生产能做到以身作则,起到了模范带头的作用。比如项目负责人等高级技术管理人才到施工现场也以身作则,严格按规则制度及操作规程来做事,不搞特殊。在一个企业中,领导作为管理层,是所有一线施工人员心中的标杆,只有标杆的一切行为都符合安全生产的各项制度及规范,才能使施工人员由衷地感到安全的重要性,愿意配合他完成各项工作。这就是管理者自身所起到的模范带头作用,通过言传身教,用自身"安全第一"的生产价值观潜移默化地影响着企业中的每个人,加快企业的发展和进步。不管企业安全文化建设的规模如何,其目的都是统一的,那就是为提高企业的安全生产管理水平及降低事故发生率做贡献。总的来说若一个企业具有良好的安全文化氛围,其优势有:

(1)加强对企业员工的培养和管理

企业良好的安全文化氛围有助于培养更多的专业技术管理人才,提高从业人员整体素质,间接增强了企业的竞争力。而以往的企业安全管理更多的精力放在对从业人员的控制上,在其工作工程中对他的行为操作等进行严格监督及有效控制,尽力减少他的不安全行为。这种偏硬的管理模式一方面效果差,满足不了日益壮大的建筑业安全管理的需要,另一方面是忽略人性化管理的因素,很大程度会遭到从业人员的反感。不仅管理效果差,而且还会影响施工效率，降低企业利益。企业文化则不同，它更多的是注重企业安全的软管理，通过适当的宣传教育手段，使每个员工内心都存在自己的安全价值观，这样每人都能自觉遵守相关操作规程及法律法规。提高了人的主观能动性，比传统的管理模式更高效、更持久。有利于增强企业的整体安全管理水平，有助于培养大批适应科技发展及建筑需要的专业技术人才。

（2）激发员工的工作积极性，有效调动其工作的主观能动性

企业的安全文化建设具有科学性及鼓励性，它将安全生产的信念传输到每个员工的思想意识中，使其在施工作业时能时刻谨记安全第一的要领，时刻提醒自己及约束自身的不安全行为。通过企业安全文件的建设，是企业重视每一个员工的切身利益，保障他们的安全与健康，这样能有效地促使员工拥有集体荣誉感。形成企业利益即我利益，企业安全即我安全的价值观，切实将自身与企业融为一体，不断提高劳动积极性，提高工作效率，为企业创造更多的价值。

（3）安全文化建设有助于提高建筑生产安全

在如今竞争激烈的市场经济形势下，建筑业在市场中的竞争尤其突出。随着我国城镇化建设的加快，伴随着的必然是越来越多的企业投入到建筑市场上来。因此，现在的各类施工企业层出不穷，良莠不齐。在利益的诱导下，许多企业一味地追求产值和施工进度，诸多违规违章的现象不断出现，导致了安全事故频发、人员伤亡严重。很大程度上阻碍了我国施工安全管理水平的进步。

为此，建筑企业安全文化建设的作用就显得尤为突出。企业安全文化建设注重的是对企业中各层次人员的安全培训，上至领导下到施工人员均具有较明确的安全生产目标。在企业管理层的带领下，很容易的规范各种不安全行为。帮助企业员工树立正确的安全生产观及科学价值观，既能帮助企业员工提高自身的文化素质，也能保障企业安全事故的稳定下降。增强企业在市场上的竞争力。能更好地带动全体员工进行安全生产，从而有效控制施工安全事故的发生。令目前建筑业的安全生产形势有了本质的改变，进一步推动了建筑施工的稳定进步。

二、建筑施工安全生产教育

导致建筑施工安全事故发生的原因很多，总的来说可分为两大类，既直接原因和间接原因。前者指的是发生事故地点的各种物及环境对人的行为的影响，引起了人的不安全行为，后者指的是因管理原因，如管理人员的疏忽大意或安全法规不健全及安全技术不成熟等造成的人员伤亡。总之，管理的原因是主要的。若管理不到位，即使人的行为不受影响，安全事故还是会经常发生。所以，现在的首要目标就是加强对安全生产教育的重视，从而提高企业安全管理水平，达到降低安全事故发生的目标。安全教育，就是为了贯彻执行国家的安全生产方针，避免或减少伤亡事故，顺利完成生产任务。

随着我国社会主义经济建设的不断发展，施工技术将不断提高，新建、扩建、改建的厂矿不断增加，乡镇建筑企业蓬勃发展，大量乡镇建筑队伍承包城乡建设施工任务，新工人、专业管理人员大量增加。因此，对施工企业专业管理人员和技术人员，特别是新工人、新专业管理人员进行岗位培训安全教育是十分必要的。

（一）施工安全生产教育的紧迫性

在我国现阶段生产力水平还不够高，科技发展还不够快的大背景下，在施工现场有很多因素均不能得到较好的改善，如机械设备的老旧，施工环境相对恶劣等。在这些因素的影响下，要想很好的改善由施工安全事故带来的人员伤亡就必须很大程度的依赖人的因素了。即要控制人的不安全行为，降低由不安全行为造成的不安全事故。那么如何控制人的不安全行为就是接下来应该关注的问题了。一般来说，控制人的不安全行为无外乎两种方式：第一加强施工安全管理强度；第二加强企业安全生产教育。

若一个企业中，企业员工对安全生产法规、安全操作方法视若无睹，仅凭个人意愿随意违章，那么由这些不安全行为造成的安全事故可想而知。企业的安全生产完全得不到保障。造成这些后果的原因其实就在于企业没有很好的对员工进行安全文化教育，没有指导他们该如何建立正确的安全生产观。若每个人都没有很好的安全生产态度，不把自身安全和他人安全放在心上，那么再好的建筑法规和操作技能都只能是摆设。只有进行必要的企业安全教育，让员工充分认识到安全事故危害的严重性，培养员工安全生产的自觉性，才能有效地降低事故发生率，提高生产率。

在一般人眼中安全教育仅仅指的是简单安全知识的交流。事实上，简单安全知识的传输和交流还远远达不到安全教育的效果。只有让员工既掌握了安全知识，又能做到收放自如，懂的该如何运用这些知识，在工程实际中知道如何操作、如何遵守各类规则制度，这才达到了安全教育的初步成效。再有就是培养员工的安全生产自觉性，使其发自内心的时刻谨记安全操作规程。这就要求企业必须做好安全生产的宣传工作了。

总之，当前的安全技术劳动保护宣传教育工作，还跟不上生产发展的需要，有些生产场地无安全标语、安全标志。有极少数企业的领导，怕职工知道尘毒危害不安心本职工作，对工人采取隐瞒态度，对查出的职业病也不告诉工人，不宣传尘毒的危害和预防知识，造成不必要的严重损失。只有广大职工更多地掌握了预防事故的知识和技能，才能防止事故的发生，促进生产的顺利进行。

（二）施工安全生产教育的内容

施工企业安全教育的主要内容可归纳为思想教育和技术教育两个方面。安全思想教育，主要是针对企业全体职工，要对其进行必要的有关建筑法律法规、操作技能、生产纪律等的宣传教育工作。并有意识地将一些典型生产安全事故进行宣传，提高企业员工的安全警觉性。尽量避免违章指挥和违章作业，避免发生责任事故。

安全技术教育，由于建筑业的高速发展，伴随的建筑法规的出台也必将是逐渐增多，这就要求建筑从业人员必须时刻关注新出台的各项法规制度，做到与时俱进。安全技术教育就是针对从事建筑的各类员工进行的再培训。使其对现行或刚刚实行的建筑法规制度极其熟悉，提高管理者的管理水平和施工人员的操作技能。拥有处理紧急事故的应变能力，降低人的操作失误等不安全行为带来的安全事故。

安全思想教育和安全技术教育两者相辅相成，缺一不可。共同保证企业安全文化建设的顺利进行。提高企业生产率。

（三）增强企业员工的安全生产素质

通过加强安全文化管理及开展适当安全文化教育，有利于提高企业全体职工的整体素质。进而改善企业施工安全管理水平，有效降低安全事故发生的概率。通常来说，企业职工安全生产素质包括两个方面：一是工人的安全生产素质，二是企业技术管理者的安全管理素质。

1. 提高施工人员安全生产素质

如何有效地提高施工人员的安全生产素质，是我们探索为何要进行企业安全文化建设和进行企业安全生产教育的目的，只有切实将企业中的每一位职工的安全生产素质提升起来，才能保障企业安全生产目标的顺利实现。当前，提高企业施工人员安全生产水平的方法有：

（1）定期进行安全生产教育和培训

由于我国建筑行业整体素质低下，目前，全国建筑业从业人员占全社会从业人员的5%，在这些人员当中大部分是农村务工人员。有的施工现场甚至90%都是农民工，他们对自身安全的保护意识很差，以及没经过系统的职业培训，对相应法规及操作技能也不够了解，极易发生安全事故。因此应加强对这些农民工的安全教育力度。

（2）定期开展各种形式的安全生产活动

不能等安全事故发生后再进行宣传教育，要防患于未然。必须经常性的对企业各部门员工进行安全教育工作，及时宣传新颁布或新实施的各项建筑法律法规，对当前的规范制度做到了如指掌，保证施工从业人员自身水平始终处于一个良好状态。确保企业员工安全意识的先进性。

2. 提高管理人员的安全管理水平

企业中的管理人员具有相当的决策权及现场指挥权，他们的安全生产素质及管理水平的高低、责任心的强弱直接影响到项目施工生产能否顺利进行。首先对一些刚刚进入工作岗位的管理员工进行必要的企业培训。包括基本教育和岗前培育，让其熟悉工作环境，尽快地适应本职位的工作。另外，还要加强本职位业务知识的训练及其他系统的教育工作；其次，管理人员的培训要与时俱进，不断加强自身对新的管理方式和新的职业法规等的学习，以不变应万变。随时保持自身的先进性，能够适应各种新工艺、新技术带来的管理模式的转变，不被时代所淘汰；最后，利用高科技手段，提高管理人员的工作效率，提高管理水平。比如利用现代各种智能化设备，在有限的时间内做更多的事，提高办事效率，从而适应现代社会各类活动的快节奏。

第四节　构建全员参与的施工安全管理体系

施工项目安全管理是指在施工过程中施工项目的组织安全生产的全部管理活动。"安全第一，预防为主"的指导方针是整个项目的施工过程中必须都要坚持的。运用合理的安全管理方法，为了达到减少或消除生产因素不安全的行为和状态，我们要对生产因素具体的状态进行控制来降低施工安全事故的发生率，尤其是不能有人受到伤害的事故发生，为施工项目效益目标的实现打好基础。

施工项目要达到以实现经济效益为中心的工期、安全、质量、成本等的综合目标管理。于是，需要有效控制与实现经济效益相关的生产因素。建设工程施工安全管理需要建设工程各参与方共同对建设工程施工生产进行全员安全管理。在建设工程施工阶段，建筑项目的施工安全要靠建设工程各参与方（包括建设单位、施工单位、勘察设计单位、工程监理单位、分包单位、供应单位以及保险公司等其他有关单位等）的共同参与，各尽其职，形成相互之间的有效协调，共同保障施工安全生产目标的顺利实现。

一般情况下，在建设施工阶段，施工单位对项目安全有着最直接的责任。因为施工单位直接参与了整个项目的建设，对项目施工安全管理的影响最为突出。施工单位在整个建设工程组织关系中占有重要地位，影响着建设工程施工安全管理及施工安全生产。

一、施工单位与建设工程施工安全管理

不管施工单位是否将一部分项目工程分包出去，其都直接参与整个建筑项目的建设，对项目能否完成施工安全目标有着举足轻重的作用。一定程度上它对项目的安全负有主要责任。因此，施工单位要努力建立起适于项目的安全管理制度，并指派一批相应的专业管理人才进行督促指挥。这在很大程度上保障项目能否安全生产。

对于许多发达国家来说，他们的工程项目通常是以不发生安全事故作为项目的建设目标。而如何有效实现"零事故"，这就考验施工方的各方面管理水平了。既要有合格负责的项目管理班子，又要有科学严谨的项目管理制度，还要有一批素质高、安全意识强的现场施工人员。这也应该是我国现阶段安全管理发展的一个方向。随着我国建筑业的迅猛发展，越来越多的企业都投身到了建筑业，这虽增强了我国建筑业的整体实力，但也造就了我国建筑产业生产管理水平低下、安全意识不强等现状。但也正是由于这一点，在现阶段

越来越多的施工单位开始意识到了建筑安全的重要性，他们在以"安全第一，预防为主"的基本方针指导下，采取了相应的措施来消除安全隐患，同时努力提高自身的正确安全管理水平，在安全生产方面也取得了一定成绩。关键是从"重产值、轻安全"到"重安全、重效率"的思想观念的转变，标志着我国建筑安全管理正走向良性发展道路。

在现阶段，随着科技的不断进步，各种新的施工工艺或新的操作技术正与日俱增，或是伴随新科技而生，或是由国外传播进国内。这也预示人类建筑将进入一个新的阶段，诸如绿色环保、可持续发展建筑等都被提上日程。这对我国建筑安全管理水平来说既是机遇又存在挑战。对施工单位的安全管理水平也有了更高的要求。除此之外，施工方的安全管理工作还要与时俱进。毕竟建筑市场的格局不是一层不变的，要随时根据市场的变化而改变策略，根据市场需求，不断加强企业文化建设、增强员工施工安全意识、提高员工整体素质。进而改善企业生产效率，提高企业竞争力。

二、建设单位与建设工程施工安全管理

建设单位（或业主）在建设工程各个环节负责综合管理工作，他在所有建设项目参与方中占据主导地位。对项目工程安全管理同样负有很大责任。随着社会的发展，经济体制改革的逐渐加强，建设单位的经济成分发生了很大变化。由原来的国有、集体经济成分变为现投资主体向多元化发展的国有、股份制、私营等多种形式并存。并且私人投资越来越多。因此，建设单位在整个项目建设的过程中是否能产生积极作用，活动是否规范将很大程度上影响建设施工安全，进而决定项目生产能否顺利完成。

一般来说，建设单位可以在不同阶段对建设工程安全生产产生影响。包括挑选勘察设计单位时，选择施工单位时，签订施工合同及施工现场安全管理时期等。在不同阶段建设单位的表现对生产安全的影响都有所不同。在选择设计单位时，因为建设单位的安全责任和义务始终反应在最终的建筑设计上面，因此，其在选择设计部门时，应多方考察，不仅对设计单位的资质、规模有要求，还要考虑他们在以往的勘察设计活动中是否出过差错，衡量他们是否对建筑工程施工安全同样有着很好的责任感，考察他们以往勘察、设计工程是否存在设计中未考虑施工安全因素而导致建设工程施工安全事故等。

众所周知，施工单位对整个建设项目的施工安全有着举足轻重的作用。因此，在挑选施工单位时，应尽量选择安全的施工单位，即安全的承包商。同时，不仅要考虑施工单位的资质和施工安全许可证这些必要因素，还要对其以往的一些工程项目和企业业绩有所了解，包括以往工程的安全生产纪录以及施工单位制定的一些安全管理制度，还要对其专业的技术管理班子进行适当考察。已保证后续签约后的施工生产顺利进行。

建设单位能从自身对安全生产积极参与的过程中获得实实在在的好处，包括由于事故安全事故的减少造成的间接费用导致的建设成本的略微减低以及节约了不少的工伤赔偿保险费用等。越来越多的建设单位以及意识到在项目中改善安全状况会带来更多的收益了，

因此他们也越来越乐意参与到安全生产管理中来，和其他部门一起为安全管理水平的提高做出自己的努力。

三、勘察设计单位与建设工程施工安全管理

工程勘察（包括项目的选址、规划和设计等）是工程施工建设的第一步，工程勘察的科学性、准确性决定了后续工作的能否准确顺利地完成，是保证建设工程施工安全的重要因素和前提条件。

不管是工程勘察还是后续的工程设计，其单位都应按照相应的法规条例等来进行工作。勘察单位在进行勘察工作时必须严格遵守相应法规制度，其中，我国《建设工程安全生产条例》明确规定了勘察单位的安全责任，指出，勘察单位必须提供科学正确的勘察文件，以保障后续建设工程施工的顺利进行。在勘察作业时，不能随意破坏周边设施及环境，要采取有效手段保护场地周边建筑的不被破坏。

同样，建筑工程施工安全中的一个十分重要的环节就是工程设计。对过去发生的众多施工生产安全事故的原因进行剖析时发现涉及设计单位责任的，主要是设计单位无视工程建设强制性标准而进行设计工作导致事故频出。所以，建筑工程设计应当按照国家规定制定的建筑安全规程和技术规范进行，保证工程的安全性能，防止由于设计失误而造成的施工生产事故。

另外，勘察、设计单位应参与建设工程安全生产管理。首先，勘察、设计单位或勘察、设计人员应树立一种保障施工现场从业人员施工安全的设计理念。在设计方案确定时就应提前考虑施工人员的施工安全等问题，在一些施工难点、项目重点等特殊地方做出适当的标注，帮助现场施工人员更好地完成施工生产，防止施工安全事故的发生；其次，勘察、设计单位在建设工程的施工阶段，对施工单位采取的结构上、材料上、工艺上的创新等的安全管理进行技术上的交流及提供保障作业人员安全的建议。同时，积极参与技术方案的处理，如施工现场发现的重大安全隐患、安全事故等。使安全事故问题防患于未然。

四、工程监理单位与建设工程施工安全管理

工程监理单位是指受建设单位的委托，对施工现场安全生产进行监督和管理的单位。目的在于提高工程现场施工安全管理的水平，保障施工生产的安全顺利完成。

工程监理单位在进行监理作业时应当审查施工组织设计中的安全技术措施和专项施工方案是否与工程建设强制性标准相符。对于有查出安全隐患的，要及时通知施工方，并责令其采取措施消除隐患；对于安全隐患特别重大的，还应令其立即停工整顿，并将相关情况迅速上报至建设单位。工程监理单位和监理工程师对建设工程安全生产承担监理责任，应当按照工程建设强制性标准和国家法律、法规实施监理工作。

监理工程师进行建设工程施工安全监理的具体措施是：在工程开工前，对施工组织设

计的安全技术措施、专项施工方案、建设工程施工安全计划、施工现场安全生产状况等进行全面检查；对安全隐患做出整改指令，对严重安全隐患做出暂停工指令；对施工单位严格按建设工程安全生产法律法规、强制性标准进行施工安全监理的严格要求等。

综上所述，工程监理单位在建设工程施工安全生产中负有重大的施工安全监理责任。

五、分包单位、供应单位与建设工程施工安全管理

建设工程施工过程中，会有大量的分包单位、供应单位的参与。其中包含了提供机械和配件的单位，出租机械设备和施工机具及配件的单位，大型施工起重机械的拆装单位以及其他材料供应单位等。虽然供应单位不直接参与施工生产，但是它对建设工程施工安全管理在一定程度上也负有责任，主要表现在两个方面：一是为建设工程提供配备齐全有效的保险、限位等安全设施和装置的机械设备及配件；二是出租具有生产许可证、产品合格证等证书的机械设备和施工机具。出租的设备应保证其能正常工作，若出现故障应当及时维修以及定期对设备进行保养，对其安全性能进行检测，禁止出租质量低下的产品。

分包单位、供应单位应落实施工现场安全生产管理制度，配备专职安全生产管理人员，遵守施工总承包单位的安全管理规定，同时，通过参加现场安全委员会、安全会议、安全检查、安全培训、安全应急救援等，积极参与施工现场安全管理。

第五节　建筑工程安全管理存在的问题

建筑工程项目的完成通常是由业主、业主的管理团队、设计院、建筑单位、监理单位以及政府有关部门共同进行的。因此，建筑工程的安全管理问题也应从上述相关部门来发现。

建设单位存在的安全问题。

（一）不履行基本建设程序

国家确定的基本建设程序，是指在建筑的过程中要符合相应的客观规律和表现形式，符合国家法律法规规范规定的程序要求。目前，建筑市场存在违背国家确定的程序的现象，建筑行业相对来说比较混乱。一部分业主违背国家的建设规定，不按照既定的法律法规来走立项、报建、招标等程序，而是通过私下的交易承揽建筑施工权。在建筑施工阶段，建设单位、工程总包单位违法转包、分包，并且要求最终施工承建单位垫付工程款或交纳投标保证金、履约保证金等。在采购环节，为省钱而购买假冒伪劣材料设备，导致质量和安全问题产生。另存在部分建设规划外的项目，部分"三边"工程（边勘测边设计边施工）项目，及部门项目存在先开工后报批的情况，这不断会导致投资失控，大量资金流失，损

害企业利益，同时也影响政府相关部门对项目的指导和监管的缺位，存在重大的安全隐患。

目前，比较突出的问题部分建设单位未按规定先取得施工许可即开工；根据确定，项目开工须取得施工许可证，取得施工许可证之后须将工程安全施工管理措施整理成文提交备案。但是由于建设单位为赶进度后开工，同时政府部门监管不能及时到位，管理机制不够严格，导致部分工程开工时手续不全，工程不顺，责任不明，发生事故时就互相推责。一些建设单位通过关系，强行将建筑工程包下之后则不注重安全管理，随意降低建筑修筑质量，以低价将工程分包给水平低、包工价格低的施工队伍，这样的做法完全不能保证建筑修筑过程中的安全，以及所修筑的建筑的本身质量，极易在施工过程中发生事故。

（二）重设计轻勘察

如今追求差异化、个性化的环境下，各种标新立异别具一格的建筑风格层出不穷；建设单位往往把更多的预算和投入放到工程设计上，欲求吸引眼球，在某种程度上牺牲了工程安全、工程质量方面的考量，重设计轻勘察的情况时有发生。而勘察费通常在工程总预算中占很少的比例，不到工程投资额的 1%，由此可见勘察的重视程度。基础设计要想做到合理化，就要在基础沉降方面均匀，建筑物承载力方面能够确定准确。有些工程在勘察之后出现低于规范要求的现象，这就降低了勘察报告的可信度。

（三）强行压缩合理工期

工期的概念就是工程的建设期限，工期要通过科学论证的计算。工期的时间应当符合基本的法律与安全常识，不随意更改和压缩。建筑工程当中，存在着大干快上，盲目的赶进度过赶工期，而这种情况有时还被作为工作积极的表现进行宣扬，这也造成了某种程度上部分建设单位认为工期是可以随意调整的现象。而媒体的大肆宣传，有时也会造成豆腐渣工程的产生。比如之前我国湖南长沙十九天就建造了一栋大楼。这样过快的完成工期，最后演变成"豆腐渣"工程，不得不推倒重来。一些建设单位通过打各种旗号，命令施工队伍夜以继日的施工作业，强行加快建筑修筑的进度，而忽略了安全管理方面的工作。建设单位不顾施工现场的实际情况，有些地点存在障碍比如带电的高压线，强行要求施工单位进行施工作业，施工人员因为夜以继日的工作，建设单位要求加快进度的压力以及部分施工地点的危险源，若不采取合理的安全管理措施，极易因为赶进度、不注意危险源而产生安全事故。

（四）缺少安全措施经费

工程建设领域存在不同程度的"垫资"情况，施工企业对安全管理方面的资金投入有限，导致安全管理的相关技术和措施没有办法全部执行到位，有的甚至连安全防护用品都不能够全部及时更换，施工人员的安全没有办法得到保障。施工单位处于建筑市场的最底层，安全措施费得不到足额发放，而很多建设单位发放安全措施费也只是走个流程，方便工地顺利施工。甚至有些施工单位为了能够把工程揽到自己的施工队伍里面，自愿将工程的费用足额垫付，以便能得到工程的施工权，在这种情况下，其他费用，如安全管理费则显得捉襟见肘，因此，施工人员在施工现场极易发生安全事故。

二、施工单位存在的安全问题

（一）对安全管理重视不足

部分建筑单位将经济发展作为企业的根本目标，忽视的对安全管理工作的重视，这种舍本逐末的做法，不仅会将该单位在建筑业的信誉降低，更会使建筑单位的竞争力减弱。建筑企业要想得到很好的发展，必须树立"安全第一"的发展理念，重视施工现场的安全管理工作，从而增强自己的竞争力。目前，我国在建筑业已经建立了比较完善的责任制度和相关法律法规，但是在具体实施方面，无论是建设单位还是施工单位都对此不重视，将其视为一纸空文。

（二）安全管理水平较低

随着建筑业的发展，建设企业的逐步向管理型企业发展，建设单位和施工单位的分工越来越明确，但是施工单位的发展却没有符合现今建筑业的发展，施工单位良莠不齐，施工单位急需向专业化方向发展。有些企业即使成立安全管理机构、建立安全生产制度，"制度上墙"成了装饰，制度执行流于形式；安全管理不是常态化，而只是在相关部门检查或发生安全事故时，才进行紧急整顿，应付检查，等过程结束后安全生产职责则被继续搁置。并且许多施工单位缺乏优秀的安全技术管理人员，整体水平低。

（三）重大危险源管理不到位

重大危险源的含义是容易发生重大安全事故且事故损失巨大的关键部位或薄弱环节。重大危险源包括常说的"四口""五临边"等，必须作好专项的应对和管理。特别是针对高处坠落和坍塌事故，没有按照住建部的文件要求编制专项施工方案，没有针对工程建筑的安全问题提出相应的专项方案，而建筑企业提出的方案存在各种问题，不能保证现场施工的安全。对于具有危险性的较大工程要组织不同的专业人士进行合理论证。作业人员在进行危险源作业时缺少必要的监管和指导，不规范行为使得安全隐患的产生。如非专业作业人员搭设高大规模支架，其中大部分为模板工人，他们不按照模板的安全规范施工，使支撑系统缺少必要的杆和支撑物，易产生安全事故。

三、施工人员存在的安全问题

（一）安全意识欠缺、安全技能欠缺

当前我国建筑工程施工的主体为广大的农民工，施工从业人员文化水平、知识水平不高，安全意识也比较低，安全防护的技能欠缺；有时候不是他们不重视安全，而是不知道

操作的危险性；还有长久以来的错误经验的影响导致习惯性的对某些违规操作的漠视。由于安全知识不足，安全技能低以及对施工场地不熟等问题，许多不安全因素就会产生，从而导致安全事故的发生。

（二）违规作业及心态问题

由于缺乏系统的长时间的安全培训，一些施工人员在作业过程中盲目进行操作作业，自我保护意识不强，极易导致事故发生。现对施工人员的违章作业行为进行心态问题分析如下：首先施工人员安全责任心弱，不能理解自己生命对于家庭、单位、社会的意义，一旦产生事故失去生命，将给家庭、单位带来巨大伤害和损失以及给社会带来不良影响。其次是施工人员由于只做一种工作，对任何接手的任务只用一种方法来做，而不顾施工现场的特殊情况。最后是习以为常，"三违"包括违章指挥、违章作业、违反纪律，而作业人员则将其看作家常便饭习以为常。事故发生的原因往往是你看似习以为常的违规作业，不遵守安全管理相关规定，只按自己的经验施工，发生事故的概率会大大提高。

（三）特种作业操作员无证上岗

在特种作业方面，许多操作人员属于无证上岗，很多关键岗位如机动车驾驶，起重机操作员等如果没用接受系统的培训，无证上岗，极易由于自己的技能欠缺造成重大的安全事故。

四、监理方偏离职能

建筑监理单位监管质量不高，存在着很多的监管单位的人员是没有资格或者是不符合配备的情况，甚至有些无证上岗，在施工的现场的质量和安全不能很好地进行监督，监督体制并不完善，监理人员在施工材料的检测上也比较的松懈，没有审查严格。这就致使某些工程盲目开工建设，建设及的过程存在不安全因素，并在审查时的检查力度薄弱，有些节约成本以及缩短工期的行为，留下的是更多的安全隐患。

建设监理单位现在大多开始招聘应届毕业生，虽然他们有相对较高的专业素质，但毕竟没有足够的实践经验，都不知道怎么去施工，又怎么能谈得上怎么去监管。我国对监理工程师资格考核的制度是考试、注册和继续教育制度。监控人员应当有《监理工程师职业资格证书》，并有相关的专业学历，在实践中获得工作经验。在现代社会，基本建设工程项目比较多，高资质的监理企业需要有许多监理业务，并投入人员。还会造成监理企业对监理人员的需求比较大，执业资格的监理人员也有比较少的现象。我国现在存在各个行业的注册监理工程师人员供不应需的情况，不能满足市场的需求。监理企业需要按照监理业务的规定，招收相应有执业资格的人员。监理行业在现在对于人才的素质方面的要求比较高。所需的人才具有实际工作经验和专业技术知识，以及管理方面的能力。但是应届大学生不具有这种基本的素养，走上监理岗位的人员需要对工程项目方面做出有效的管理。

五、政府有关职能部门的监管不严

（一）监督管理机制存在不足

目前政府有关职能部门的监督机制存在以下几个问题，不能够很好地适应如今工程建设的情形和市场经济条件下的发展趋势。一方面，由于工程建设和监督力度之间的矛盾越来越恶化，以前的监督模式已经不能够作为监管工程建设的有效手段。如今项目工地遍地都是，监督部门不可能每个现场都跑一遍进行有效的监督，再加上施工环境不太好，没有人愿意亲自到艰苦的环境，那对于抽查的项目和检查的内容自然也就走过场了，根本起不了监督的作用。二是有关质量监督部门不能与建筑市场和招投标管理中心没有建立联动机制，这样即使建筑单位有违规行为也不能马上被反馈给市场，这样建筑单位仍旧改不了自己的陋习。

（二）监督人员素质仍存在较大的发展空间

随着各地房地产业的崛起，开发项目越来越多，自然监督部门的工作量大大增加，目前尤其是大城市的监管力量不足。同时，监督部门什么样的队伍都有：大多数监督部门的监管制度不完善，有的监督机构由于人员紧缺大批招聘人员，而且往往非专业人员占比例很大，专业能力不足有的监督部门的工作人员忽视了对质量管理的法规以及工程建设强制性标准，对监督规定及流程不熟，业务水平自然比较低，也有相当一部分工作人员没有责任心等。

第六节　建筑工程安全管理优化对策

一、建设单位方面

（一）强化安全责任

加强安全管理不能只是口头谈谈，应该为其制定相关的法律法规，明确在修筑建筑过程当中每一方应当承担的责任，严格要求建设单位保证施工单位的利益、给施工单位安排合理的作业时间、合理分包等，为建筑业营造良好的氛围。首先是提高该领域工作人员的法律意识和安全意识。一方面，要结合建筑"平安卡"管理制度的推广，努力做好对一线工作人员的培训工作；另一方面，开办相关培训班，组织各级工作人员学习《中华人民共和国建筑法》《安全生产法》《建筑工程安全生产管理条例》释义等法律法规。在整个行业领域普及法律知识，使各级从业人员都对法律有更深刻的认识，提高安全生产意识。同时，要认真地做好安全文明生产示范工程活动，评选出先进个人和单位，树立榜样，并积极组织其他单位和个人学习，以提高整个行业的安全意识。真正把安全工作的条文和口号落到实处。其次，制定责任追究制并严格执行。在控制工期和速度的同时，应该建立安监人员考核制度，以将责任落实到人。谁负责工作的实施，谁便对此后的问题负责，各司其职，责任到人。在监督工程安全生产动态管理中，并公开公正的对其进行考核。最后，对安全生产深化整治，严格预防各种安全事故的发生。自从《办法》颁布实施以来，建设部门陆续组织了几次检查。检查重点应该放在高支模、高坠、坍塌以及塔吊与井子架上，发现问题技术治理，施工企业务必加大安全力度，采用安全指数高的设备、材料以及产品，确保施工安全。

（二）选择优良的安全管理队伍

通常，由于管理和能力有限，建设单位不直接参与施工安全管理的，而将安全管理委托给监理单位负责；但我国工程监理的实际上不是真正独立的第三方地位，监理单位和人员管理能力和力量有限，无法真正全面负责工程的安全监管；因此好工程施工单位、加强施工单位与监理单位的配合是建筑施工安全的有力保障。因此在工程招投标时，监理单位要参与其中，参与施工单位及施工单位安全管理方案和措施的评价，参与施工单位、施工队伍的选择和要求。保证工程安全管理的各项人力、物力要求。

（三）建设单位要参与安全管理

国外建设单位一般都参与安全管理，而我国的建设单位一般是委托监理机构负责。要做好工程安全管理，建设单位必须参与其中，从业主单位的角度。建设单位参与安全管理会促进监理单位、施工单位安全管理的责任心和主动性。在施工现场，施工单位的安全管理往往是被动的，建设单位对安全管理工作的参与，会明显提高施工单位对安全管理的重视程度。并且如果建设单位设置专职安全管理人员，则将进一步加大对施工安全方面的监督管理，统一协调处理现场安全问题，使专职安全管理人员参与施工单位的安全管理。

（四）确定合理工期并严格遵守

工程管理是基础工作，它保障了工程施工过程中的质量和安全，是建筑安装工程管理的重要组成部分。在该类型项目的安全管理领域，合理工期、工程监管、招标投标等关键问题尤其应该引起足够的重视。在这些问题中，"合理工期"成为重中之重，要做好这方面的工作，务必要做好以下几方面：（1）制订相关文件。建筑市场各方参与者应该严格按照《工期定额》来招标、签订合同以及要求施工方制订施工计划等，科学的把握工程工期，有效完成任务；（2）切实发挥监管的作用。在现实社会中，业主和监理的矛盾比较明显，业主方往往表现出强势，而监理方往往表现出弱势。在施工过程中，应该调和这一矛盾，邀请第三方公证介入项目，在施工过程中，第三方的监理可以对施工有效地监督和管理，减少或者杜绝压缩工期的行为；（3）主管部门介入管理并加大力度。政府相关主管部门有责任接受建筑市场各方参与者关于压缩工期的投诉，接到投诉后，主管部门应立即派工作人员对该项目进行核查，一旦发现问题立即处理。如果由于压缩工期导致事故发生，主管部门有权追求相关责任人和单位的责任。

纵观以上，在诸如"赶工期、抢进度"等缩短合理工期的行为屡见不鲜，虽有三令五申的禁止，承建商们也在铤而走险，在这种现象的深处，折射出了相关方面约束力的欠缺。我们一方面看到，不少政府的相关部门一味求快比速度，完成一个项目的速度越来越快，周期越来越短。为了赶超竞争，主管部门的领导往往将自己的意志和决心施加到项目上，干涉项目的进展，盲目追求速度而忽视了质量，虽然创造出许多惊人的中国速度记录，但是却离科学的施工规律渐行渐远。这样不仅仅浪费更多的人力物力财力，更为工程的本身留下了很大的安全隐患，新闻上屡屡出现的"楼歪歪"就是一个很好的例证。在另一方面，我国法制建设尚不健全，现行的《中华人民共和国建筑法》并没有对合理工期做出明确的规定，也没有在该法律中对压缩合理工期有明确的规定，所以在追究压缩合理工期的问题上，我国暂时无法可依。

正是看到了这种现状，承建商才肆无忌惮，把禁令和倡议当作耳旁风，所以主管部门也常常忽视它的存在。但是，从社会责任上讲，施工企业应该树立行业标杆，应该从本身做起，将合理工期看成重中之重，严格遵守施工规律，不在压缩合理工期上耍小聪明，不触碰压缩合理工期的禁区。在招标和投标时，应该切实地将质量看作最重要的一环，严格要求，根据科学和自身的施工经验施工，确保工程质量的安全可靠。当主管部门或利益相关者提出要求时，应该对其明确利害关系，避免危险的发生，并且注意保留相关证据，以备不时之需。

二、施工单位方面

（一）提高领导者的安全生产意识

领导者的安全意识直接关系到施工现场对安全管理的行使状况，因此，要加大对建设单位安全管理方面领导的安全培训，提高单位领导对安全生产的认识，理解安全生产方针和政策，使领导在思想方面深刻认识安全管理的责任与重要性。时时刻刻记住安全作业的概念与责任，将安全管理的思想运用在整个现场施工过程，避免任何可能的事故发生。

1. 落实领导带班制度

施工单位和安全主管经常带班对施工地点进行巡查，重点检查有危险源的地点，并每次的巡查做出评价和总结，提高施工人员的安全施工意识。重点安排人员巡查容易发生事故的部位，发现异样要及时汇报并处理，消除安全隐患。发生事故时，领导者要亲自指挥，调度，认真处理好各方职责。

2. 落实好安全生产责任制

安全生产责任制作为建设单位最基本的安全管理制度，必须作为根本来牢牢抓住，相关部门须严格遵守企业的安全管理制度，配合安全管理部门将安全生产责任制落实，争取做到施工安全，人人有责，提升建设单位在安全管理方面的实力，使本单位在建筑业中更具有优势。

（二）加强对安全管理人员的管理

要从上至下建立和形成安全和风险管理的意识，首先强化项目负责人对安全管理能力与责任心。项目负责人必须树立"安全第一"的理念，将生产与安全协同进行管理，各部门负责人以第一负责人为核心，合理分配安全管理的工作，做到每个人负责人都有各自的任务。安全管理工作不是少数人的事，而是所有作业人员、管理人员共同需要承担的工作，为了更好地实现安全管理的目标，工地现场的所有人都应参与安全管理的工作中，充分发挥自己的积极性和创造性。

建设单位应安排足够的安全管理人员负责安全管理工作，在施工单位施工过程中，积极配合相关负责人做好施工现场的安全保障工作，认真做好负责人带班检查与情况记录工作，必要时进行现场监督，对有较大危险隐患的施工工程进行重点监督管理，一一排查可能发生危险的地方，防止工程事故的发生。一旦发现任何可能出现危险的地方，要立刻通知工人撤出工地，并将具体情况向公司的相关部门进行汇报，与相关维修人员进行及时的交流与沟通。及时处理好施工现场将要发生危险的地方，并做出全面的安全检查工作，对该情况做出详细的汇报并整理成文。

1. 高度重视人才培养的工作

建设单位应该加强对建筑人才的培养，引进优质的建筑人才，对新员工采用工程现场教授实践的方式使其能迅速培养安全管理的责任意识，并经常派本单位优秀员工出国学习，与国际的建筑业看齐发展，另外，教给农民工必要的上岗专业技能，将农民工作为正式的员工成为企业的一分子，对农民工的作业进行组织化，集中的管理，增强农民工在施工现场是基本技能与自救能力。

2. 加强管理人员的安全教育培训

首先，强化安全生产意识，加强安全教育培训，将"安全第一"的意识贯彻到工程施工的整个过程当中，建筑工程的安全管理不仅需要相关的法律法规支持，更需要人人参与期中，营造良好的安全作业的氛围；其次，增强管理人员业务培训，对项目经理、专职管理人员、施工人员进行安全管理以及应急处理相关知识的培训，充分利用工地夜校，进行项目负责人的安全管理培训，定期举行安全管理总结活动，让大家互相学习，营造良好的安全管理工作氛围。关于安全教育的相关培训工作不能一蹴而就，需要企业与员工之间的共同坚持与努力。做到在员工进行作业的整个过程都能够有相关的安全知识作为生命的保障，培养施工人员在遇到危险时的自救意识是非常有必要的；最后，对建筑工程相关负责人进行安全检查的审核和安全管理知识考核，对不合格的负责人进行批评教育，并强化其在安全检查和安全管理方面的技能与责任，再对其进行考核，直到其考核合格才准其上岗。

（三）抓好重大危险源的监管

造成重大死伤事故的根源是建筑施工现场的重大危险源，为了避免重大死伤事故的发生，必须做好建筑施工现场重大危险源的管理工作。所以控制危险源是安全管理工作的首要目标，控制好危险源，则重大安全事故发生的概率就会降低，即使产生，也能及时将损失降到最低。首先，对重大危险源必须加强动态时时监控，发现安全隐患要立即停止作业，组织维护人员对危险进行排除，并处理问题，并在随后几天里，重点巡查这些危险地点，防止事故发生；其次，对危险源进行分类管理，明确管理责任人；再次，按照住建部规范文件要求，提交工程安全管理措施方案，对安全生产和管理情况进行及时报备，接受政府监管机构的安全监督管理；最后，对重大危险源进行作业处理，应向监理单位、建设单位汇报，加强安全防范预防，作好应及预案，防范事故的损失扩大。

三、施工从业人员方面

（一）加强从业人员安全教育培训

通过对从业人员进行安全教育培训，提高从业人员安全作业方面的知识与自救技能，进行培训之后，还需进行相应的考试、考核，成绩合格者为其颁发培训证书，并存入档案。经常进行安全教育活动，提高员工安全意识，避免在作业时因犯低级错误导致事故的发生。另外，农民工文化素质不高，安全意识较低，则需要安全管理部门对其进行定期、有效的安全教育，加深其对安全施工的认识。对施工从业人员的培训主要需从下面几个方面进行。

1. 对现场人员就建筑工程做安全相关知识的讲解

将建筑工程的大致情况、相关要求、安全制度、可能出现的危险级相应的对策进行讲解。安全教育以PPT形式讲解最佳，通过图文并茂、正反事例，生动形象地进行安全教育，让每位员工铭记于心。

2. 经常开展安全教育工作

通过经常开展安全教育，让施工现场的工人能时刻记住生产过程中安全的重要性，始终铭记"安全第一"的生产理念。另外，提高施工队伍的安全意识，可以实施相应的奖惩制度，对表现良好的施工队伍进行表扬，对表现较差的队伍实施相应的处罚。

3. 培训和营造安全生产氛围

施工单位应强化安全生产宣传，采取多种举措，例如在施工现场竖立相关宣传栏宣传安全作业制度以及安全操作的基本技能与自救技能，并向施工人员展示事故图片，警醒员工时刻保持一个"安全第一"的工作态度,通过这来营造安全氛围,提高重视程度。真正实现施工人员将自身的安全寄托在别人身上到主动要求企业提供安全保障再到学会自救技能的转变。

4. 开展丰富多彩的安全培训活动

可以通过培训,竞赛,游戏的方式向员工教授安全知识,安全技能,提高员工作业的安全程度以及面临突发事件时的应变能力,可以在危险来临的时候展开积极的自救。通过模拟紧急状况,危险情况下的作业以及如何预防突发状况,帮助职工掌握安全生产操作技能,有能力处理应急情况,在不因自己的失误对别人和自己造成伤害的同时,还能够积极的自救与求援别人。

5. 对特种作业人员进行安全教育

对特种作业人员不仅要进行安全教育,更要对其进行特殊对待,经常关注其身体状况与技能掌握情况。对于特种作业工作人员及其操作的机器实施实名管理制度,谁负责地机器出现事故则由谁负责。

(二)加强管理人员安全教育培训

管理人员对安全管理的态度直接关系到安全措施的实施。只有将"预防为主,安全第一"的理念"内化于心,外化于行",企业的安全管理目标才能得以实现。

对管理人员进行安全管理专项培训,增强其对安全管理的意识、责任感以及相应的技能,经常开展相互交流活动,提出自己对于建筑施工时在安全管理方面的建议,并通过询问施工人员得知主要负责人对安全施工所采取的措施以及实际行动情况。

(三)严惩违章行为

对于违规行为,要实行严厉的惩罚制度。对每个建筑工程需要派专员进行现场考察,审定其是否符合开工的条件。在建筑施工期间,要不定期地进行突击检查,若发现违规作业,则做出严肃处理,消除安全隐患后方可继续施工。严重情况时,直接更换项目负责人,并进行严肃教育。项目部应对作业人员在操作技术能力以及相关法律法规方面加大重视,对审核合格的作业人员才有资格进场工作,而对考核不合格以及后期造成安全问题的员工也要做出相应惩罚,例如停职处理。

四、监理单位方面

由于监理单位受雇于建设单位,往往建设单位说什么他们就做什么,没有起到第三方的实质作用。监理方是代理建设单位来管理工程,他们不能光听业主怎么做就怎么做,他也有自己的职责,那就是务必要根据国家的相关法律法规、设计要求和合同内容对建设工程进行有效的管理,要对社会负责。所以监理公司有这两方的约束。工程效率的提高与工程质量在本质上来说应该是一致的,这个要求比较高,同时也是应该得到保证的,如果失衡的话，建设单位难辞其咎。一定要强化监管部门的独立执行能力。举一个例子，某一项必须要有监督管理部门工程师的检查和同意，若没有，建筑所需品不能使用安装，不合格的施工，立即要求施工单位整改，否则不能进入下一个工作，同时涉及的收款工作和竣工也不被允许。必须通过这些措施强化监管工作在工程管理中的地位。

监理单位也要加强对工作人员的管理，而且要进行适当的培训来提高人员的积极性和自身的素质。除了招纳一些有责任心的专业性人才，还需在结构上对人才进行调整。如今的监理公司工作人员都有着施工经验，而对设计方面的只是不太熟悉。施工与设计两者紧密结合，监理公司若要做得更好，还需要将这两者结合起来，综合运用，这就需要复合型人才。因此，必须在人才培养上加大重视，调整结构，整合人才，以求更好地开展监理工作。另一方面，职业素养尤其重要，监理部门要严格注意维护自身形象，杜绝自身腐败，一切不守原则甚至违法行为都要坚决抵制，不能和某些素养较低的建设部门同流合污；不得徇私舞弊，追求个人利益。用简单的一句话来说，建设部门的监督管理就是工质监管体制这个大机器中的一个重要零部件，是不可或缺的，因此要加强重视。

五、政府相关职能部门方面

政府相关职能部门对建筑工程安全生产进行严格的监管，对于部门自身，需要改革监督机制，明确职能、分级负责，明确各级部门的管辖的区域，从而进行有戏的监管，同时对建筑企业进行严格的资质管理。监督部门提高监督人员的整体素质，在招手监督人员是严格检查其资质有工作能力，培养监督人员的责任意识与业务水平。

同时定期对安全监督人员进行培训，提高其职业技能，建立考核制度与奖励制度，提升监督人员工作的积极性与责任心。并通过这种制度吸收一批优秀的复合型人才充实安全监督人员队伍，使安全监督队伍成为一个高素质、负责任的队伍。

另外，建立信息化安全监管系统，实现政府相关部门与建设单位、施工单位及监理单位信息共享，这样不仅节省了成本，同时提高了工作效率，给监管部门及建筑企业带来了极大便利。

第三章　市政工程建设管理

第一节　市政工程成本管理

一、工程项目施工成本概述

（一）工程项目施工成本含义及构成

1. 工程项目施工成本的含义

在施工过程中，被转移到工程项目产品中的劳动者所创造的必要劳动价值和被消耗的生产资料以及为完成所签订合同上所有工程量所支付的费用总和。其包括所消耗的主辅材料、周转材料费用、施工机械使用费或租赁费，支付给施工人员的工资、奖金以及在施工现场进行施工组织与管理所发生的全部费用支出。

2. 工程项目施工成本的构成

建设工程项目施工成本由直接成本和间接成本所组成。

直接成本是指施工过程中消耗的构成工程实体或有助于工程实体形成的各项费用支出，是可以直接计入工程对象的费用。在市政工程施工项目中直接成本主要包括人工成本、材料成本、机械使用成本以及施工措施成本等。

间接成本是指施工准备、组织和管理施工和生产费用成本，不便于直接计入某一成本计算，而需先按发生地点或用途加以归集，待工程结束后选择一定的分配方法进行分配后才计入有关成本计算对象的费用，但建设必须发生的费用，包括管理人员工资、办公费用、旅行旅行费用。

（二）工程项目施工成本影响因素

制约项目成本的因素有很多，具体包括以下几个方面的内容：

1. 项目成本的范围

主要指的是项目整个过程中的内容，是完成所有这些工作的同时需要消耗的全部项目资源，所以，项目范围的定义决定着项目成本的主要范围。一般情况下，项目成本会随着项目范围的扩大而增加；同理，项目成本也会随着项目范围的缩小而降低；另外，项目成本也会随着项目任务的复杂度而变化，项目任务越复杂，其费用就越高；而项目任务越简单，其费用就越低。

2. 项目的质量

项目质量与项目成本在项目建设中是并存的。一般情况下，项目成本的高低由项目的质量来决定。项目质量随着项目成本的变化而变化，项目质量高会造成项目成本上升。项目质量下降可能会导致项目出现质量事故严重会是其停产，需要经常维修来使得工作得以继续进行，这就使得项目成本发生增加。

3. 项目工期

工期越长，不可预见的因素越多，投入越大，成本越高。但是，工期越紧张，反而增加赶工措施费用，这时候也会使得成本上升。

4. 管理水平

在项目实施的全过程中，管理水平的高低决定着项目的质量与项目的成本。不重视项目的管理及企业管理会很大程度上造成不必要的损失，给企业造成困难。

（三）工程项目施工成本控制的要求

成本控制的程序体现了动态跟踪控制的原理。成本控制报告可以单独编制，也可以根据需要的进度、质量、安全和其他进展报告结合，提出综合进展报告。用价值工程控制成本的核心是合理处理成本与功能的关系，应保证在确保功能的前提下降低成本，成本控制应满足下列要求：

第一，要按照计划成本目标值来控制生产要素的采购价格，并认真做好材料、设备进场数量和质量的检查、验收与保管；第二，需要控制生产要素的利用效率和消耗定额，如任务单管理、限额领料、验收报告的审核等。同时要做好不可预见成本风险的分析和预控，包括编制相应的应急措施等；第三，应当有效控制影响效率和消耗量的其他因素（如工程变更等）所引起的成本增加；第四，把项目成本管理责任制度与对项目管理者的激励机制结合起来，以增强管理人员的成本意识和控制能力；第五，承包人必须要有一套健全的项目财务管理制度，按照规定的权限和程序对项目资金的使用和费用的结算支付进行审核、审批，使其成为项目控制的一个重要手段。

（四）市政工程施工项目成本控制的重要性

日益复杂的城市市场监管、竞争越来越激烈，市政工程建设项目的建筑施工企业加强成本控制，提高竞争，抢占市场份额，提高企业管理水平，创造一个更好的质量项目具有重要意义。

施工成本控制间接反映了企业项目管理水平的水平对于工程项目，成本、质量、安全、进度四人密切联系和相互影响的限制，因此要确保项目进度、质量、安全和成本最低的前提下合理优化管理的是一个过程。市政企业，项目是企业利润的主要来源，低投资，高回报业务的追求的结果，因此，建筑企业实现卓越工程项目，把握项目成本控制，提高企业效率。成本控制是一项系统工作于企业管理的各个层面，通过引入竞价机制，逐步开放当地市政建设市场竞争加强建设项目，建设项目的建筑施工企业加强成本控制，扩大利润空间，以提高企业的竞争力在市场份额的位置。

（五）市政工程施工项目成本控制现状

1. 成本控制难度大

因为不同建设项目的特点，市政工程成本在施工过程更难以控制。位于城乡的环境，天气的变化的影响，施工企业的资金，等可能导致过度投入成本；不可预见的情况下，如政府的行政干预，地下管道原始位置，不清楚建设部组织中重新安排施工计划，改变资源的项目投资，造成建设成本的变化，施工可能导致施工队伍之间的交叉干扰，导致重复建设等等。上述现象的发生常常伴随着市政工程现场施工、成本控制造成很大的困难。

2. 施工企业的管理体制制约成本控制的实施

虽然施工成本控制的实施在我国多年，但由于传统管理体制的影响，再加上自己的内部管理制度建设，使工程造价控制在许多企业，特别是导致没有一个标准化的企业重组，效果令人满意。广泛，科学的管理方法来管理，造成建设成本经常出现失控。

3. 施工单位体制原因使成本控制难以实现

大多数市政工程和建设单位原来都是住房建设局下属企业。很多工期紧、规模小的项目通常由指定的形式，建设和工程只是做签证，没有正式的报价形式，使建设单位成本不能提前控制。

二、工程项目施工成本控制的方法

项目成本控制有许多方法和近年来的理论被应用于市政工程的建设，并取得了极大的发展，起到了巨大的指导意义。目前用于市政工程成本分析、偏差分析、目标成本、责任成本法。

（一）成本分析法

成本分析方法主要是针对工程费用在成本控制，产生成本分析，成本分析部超原因，改善管理，提高效率的目的。

（二）偏差分析法

偏差分析是计算项目的估计成本之间的区别已经完成，已完成项目的实际成本，由此产生的偏差项目成本计划实施，实现项目预算的实现的目的来确定。

（三）目标成本法

基于目标成本是决定企业产品质量、性能，用户可以接受的价格和企业利润能承受的目标应该是实现在给定时期内的成本水平。

建设项目目标成本控制过程可以分为：成本会计目标制定、目标成本的分解、目标成本监控、目标成本分析和目标成本评估。

1. 开发项目的成本目标

降低成本项目的成本计划作为项目的指导文档，项目经理负责的情况下基于项目进行成本估算。成就可以通过比较确定项目计划的总投资成本，并通过成本管理水平，项目成本阶段的成本分解为了建立各级实施项目的成本。

2. 项目目标成本的分解

项目经理准备"目标成本控制措施形式"的每个部分项目成本控制目标和要求，负责成本控制，成本控制措施、方法和时间检验和改进。

3. 项目成本控制措施和项目监督

项目部坚持增加收入、总控制、责任和权利的原则，结合目标成本管理方法来有效的动态控制发生时，及时分析和纠正发生的偏差，控制整个项目目标。

4. 项目核算

成本是工程造价的成本和进度目标在项目过程中发生的费用和项目的前提下保持一致的统计值，进行比较来确定差异。包括按照总建设成本和分销成本，实际数量计算基于建设成本和成本核算对象，采取适当的方法来计算总成本和单位成本是建筑工程的两个基本方面。

建设成本包括劳动力成本会计、材料成本会计、成本会计工作材料，结构成本会计、机械使用费会计、成本会计的其他措施，子项目成本，间接成本会计、施工成本月度报告。

5. 项目成本分析

成本分析是基于成本的形成过程和成本影响的因素进行分析，以获得更好的方式来降低成本，纠正偏差的开挖的施工成本和方便地含有不利偏差的整个施工成本分析控制整个过程，它是使用成本核算数据和目标成本，研究成本的变化，同时分析影响的主要技术和经济指标的成本，成本的变化因素的研究，审查成本计划通过成本合理性的分析发现法律的成本的变化，寻求降低施工成本的方法。

6. 项目成本评估

项目成本评估项目完成后，项目负责项目所需的成本责任，实际成本和预算成本、计划成本和评估，完成相关指标评价。有公司内容成本评估的评估项目经理，项目经理评估各部门和管理人员、项目管理、绩效评估、施工成本管理四个方面的奖励和惩罚。

（四）责任成本法

责任成本管理是一个动态成本管理在整个建设项目在市场经济下，及时协调的成本计划，以确保实现项目的成本责任、成本管理的责任是劳动力、材料、机械、质量、安全、进度和其他方面，包括全面的整体管理，负责实现的层层分解，项目管理和控制所有人员参与管理的实际生产第一线。

三、市政工程施工项目的特点

与其他城市基础设施相比，市政工程有其独有的特征，这是因为市政工程本身的特异性和特殊性造成的外部环境。

市政工程项目成本控制是一个复杂的系统工程，包括城市道路、桥梁、给排水、电暖、天然气、污水处理、隧道、地铁、绿化、路灯和其他项目，所以市政工程建筑公司要有强大的综合性的施工资质。

市政项目由政府公共项目投资，以及其产品为公共使用，与公众的日常生活密切相关，一般封闭施工的难度相对较大，方便、安全、文明施工要求相对较高。

市政工程主要服务在城市地区，政府的目标是限制流量，促进公众的要求，市政工程施工期间一般不太久，本质上是"短、平、快"的建设。

一般市政工程建设单位，施工中的不可预见性和不必要的重复施工都会导致施工工期延误和成本增加。

市政工程具有特殊的户外性，受天气条件影响，持续的下雨和下雪，寒冷的天气，施工将产生巨大的影响，导致成本增加。

市政工程部门需要协调问题和许多不可预测的因素等等。

四、市政工程施工项目成本主要影响因素

市政工程的主要影响因素有成本构成、施工方案的制定、施工中的变更、项目目标的调动、现场资金运作、当地政策的变化、现场施工管理。

（一）成本构成

地方的差异性、施工时间的差异都会导致成本中的人工费、材料费、机械使用费发生变动，有的时候直接费和间接费也会因上述条件的不同而发生变化，直接或间接的造成施工成本的增加。

1. 人工费成本

施工项目人工费支出主要包括管理人员工资、五险一金等费用支出和现场劳务队伍的工资支出两部分。施工中组织安排不合理，会导致窝工、费工等现象的发生，从而影响到工程成本的增加。

2. 材料费成本

材料费在工程成本中占很大的比重，所以材料费的增减直接影响到工程的施工成本。材料费的变化主要表现在数量变化和单价变化两方面。

拿市政工程来看，材料数量上的变化大多发生在施工期间，多是因管理漏洞和变更较多引起所需数量的变化。材料单价变化多受困于市场的走势，内部材料采购机制不完善同样影响材料采购价格，导致材料成本变化。

3. 机具使用费成本

现场施工中，自有机械使用不合理，导致机械调配不合理、重复浪费造成施工成本的增加。另外外面租赁机械受当地价格变动影响较大。

4. 工程其他直接费、间接费成本

这部分费用组成较为复杂，控制起来较难，在施工组织过程中要做到充分的考虑，明确所属，控制好成本。

在愈演愈烈的市场竞争中，市政施工企业要想处于不败，赢得效益就要加强内部管理，谨慎开拓外部市场，掌握市场动态；施工中加强监控，减少不合理费用的支出，以质量为前提争取以最少的成本投入实现项目的最大收益。

（二）施工方案的制定

1. 施工前做好方案

方案包括怎样施工、施工步骤、施工管理、生产要素的组合以及减少投入、保证最优质量、缩短建设周期、确保安全生产、新技术的运用等各种技术措施。市政工程多为老路改建原有资料不全造成不可预见性较多，所以在编排施工方案时要认真仔细地考虑好每一方面，根据现场情况充分考虑到方方面面安排合理的施工方案。

2. 制定突发性情况紧急预案

紧急预案是指对施工困难的工程项目专门制定有针对性的紧急施工预案。对于危险性较大、相对复杂、技术要求较高的专项工程要将工程的施工步骤、需要做的安全防护措施、质量标准和关键部位控制措施制定专项预案并进行三层交底。

3. 机械调配方案的制定

组织专业人员专门负责调配机械、减少机械窝工浪费，提高机械使用率。

（三）施工中的变更

变更指的在工程施工中由于外部因素的影响造成的变化，主要包含设计变更、工艺变更、工程量的增减等。对于市政工程建设来说，变更是随时发生的，如天气变化、不可预见性情况会导致工程量或设计的变更，领导主观意识导致工程变更等，都会影响项目成本的增加。对于市政工程来说，变更是造成项目成本变化的不可避免的，项目部只有依据前期勘探和施工准备尽量考虑到位，减少工程中变更的发生，以做到成本的有效控制。

（四）项目的目标的调动

建设项目目标成本，质量，进度，安全文化建设是确保项目的建设条件，四个相互约束、相互影响。项目成本控制，我们必须提前四项指标分析，良好的优化过程寻找最佳平衡。

1. 质量因素

对于市政工程来说，工程质量不但影响工程成本，更是对施工企业社会信誉和形象有重要意义。一般在实际施工质量保证的前提下，工程质量和成本成反比，也就是说，质量越高，成本越低。因为建设方面严格按照国家标准将减少返工由于施工质量事故造成的停机时间，重复测试成本，从而降低项目的成本。

市政工程地下管道铺设，由于风险小，施工单位和监理单位通常不要求工程质量，主要业务人员忽视了项目的质量，但是一旦质量问题的原因，不仅仅导致管道返工，返工或建筑将导致其他进程，几乎导致了成本的增加。

因此，建筑施工企业必须加强施工质量控制，确保项目质量目标的前提下保证质量，优化质量和成本之间的关系，以便它可以确保项目的质量的前提下成本降至最低。

2. 工期因素

项目的进展是非常重要的所有者和建设方面，市政工程和人们的生活，业主希望持续时间尽可能短，能够尽快发挥效益，为建设项目的快速建设的完成，工期的延迟会占用很大的资源，造成成本的加大，这样就会影响员工福利和管理费用的变大。因此当出现想不到的原因延迟进度时，建设方面开发质量的前提下尽量满足适当的措施来恢复的时间延迟，但同时进行优化，降低成本。

3. 安全文明施工因素

安全是确保项目条件，因为一旦发生事故将直接影响到项目持续时间和增加成本。现在要求越来越高的方便市政工程，土木建筑良好的企业形象和声誉起着重要的作用。

因此，质量、进度、安全、成本是对立统一的，在确定项目的成本目标，我们必须充分考虑影响成本的其他三个目标在其他三个目标能够合规的前提将目标成本最低的增加企业利润。

（五）建设资金运作因素

资金运作包括操作的内部操作的项目和子项目之间的营运资本基金将缩短周转时间，降低项目的时间成本，相反，它会导致项目成本的增加。

（六）政策性因素

政府作为市政工程投资实体，政府为政府绩效往往因为一个明确的政策导致项目工期不合理的压缩，突然增加的工程、主观设计变化直接或间接影响项目的施工成本的增加。

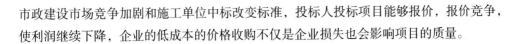

市政建设市场竞争加剧和施工单位中标改变标准，投标人投标项目能够报价，报价竞争，使利润继续下降，企业的低成本的价格收购不仅是企业损失也会影响项目的质量。

（七）管理因素

大多数市政施工企业项目管理模型不是很标准，要么完全萎缩，或混乱，完全失控将导致承包商对项目业务单位，项目部门混乱不会积极地工作，因此，市政施工企业根据自己的情况制定一套合适的项目管理方法，以便有效地控制了项目和动员项目的热情。

五、市政工程施工项目成本控制中的问题及优化对策

（一）市政工程成本控制存在的问题

1. 成本管理意识薄弱

成本管理是企业生存和发展的重要任务，成本管理的好坏往往决定企业的经济效益。现在成本管理的重要性已经引起了各公司管理层的关注，但由于地方保护和企业自身性质及遗留问题的影响，往往造成管理层认识到重要性但在企业内部员工特别是老员工对成本管理的重视不足。收地方政策的影响目前地方市政施工企业还是将重点放在争取签证和变更来增加项目的收入上，在成本管理方面认识不到位。

2. 成本管理制度不完善

成本管理涉猎到企业管理的整个层面是企业管理的重中之重，这就需要公司各职能部室和分公司以及工程项目部共同来探讨实现。在目前我国大部分市政施工企业里，由于成本管理意识的匮乏，根本没有从基础上建立成本管理的相应企业制度，没有形成成本管理体系。没有了成本管理的制度与体系，企业成本管理就缺少了相应的目标，成本管理缺乏相应的依据及有效监督，造成成本管理随意控制，导致项目的亏损。

3. 成本管理方法不科学

成本管理需要多方面的学科及理论的系统支持。成本会计应用程序的项目成本分析方法是项目的进展过程预计成本价值和实际价值。无论是成本管理目标的制定还是成本计划的实施，以及成本的分析核算及最终考核都需要科学的理论和工具实现。一个项目一样短的几个月或几年，只要在这不断变化的内部和外部条件。控制的目的是确保规定的方向发展，项目的成本在进步的过程中比较的估计值和实际值结果，不能解释成本的差异是由于时间提前或滞后所引起的，或因成本超支或节约导致决策信息不提供依据项目经理进行项目进度的有效控制，我国大部分市政施工企业仍是企业高层决定企业的成本管理计划，没有经过详细的测算及运用科学的成本管理方法，导致最终落实到施工现场的成本管理计划无法实施。

4. 质量的好坏对成本的影响

质量控制项目质量差会造成巨大的损失，甚至危及生命。目前，中国的建设项目成本管理尚未建立项目的质量成本的风险监控系统，如总包单位进行分包，分包行为，更低的价格，使分包合同，价格太低了，偷工减料的现象时有发生，严重影响工程项目的质量。

5. 成本管理方法和手段落后

从成本管理的角度看，前、中、后的成本管理脱节。许多公司成本核算和成本管理简单的成本分析之后，缺乏科学进步的成本预测和决策，缺乏严格的成本控制，成本评估。此外，由于管理人员质量的低成本，一些现代管理方法，比如 ABC 分析，价值工程，促进企业成本管理的经济数学模型，使用很常见，成本管理也在一定程度上限制效果。从成本的角度管理工具，主要还是手动，缺乏现代管理工具。主要体现在企业成本管理大部分手算，网络使用率低，没有电子商务的概念，成本管理计算机巨大潜力尚未充分开发和有效利用。企业的一个主要原因是使用计算机技术培训和成本管理人员的操作能力和其他投入不够，第二个是适用于项目成本管理的软件开发落后，项目管理软件的开发不够成熟，实用性达不到要求。成本管理机构并不完美。从宏观的角度来看，中国缺乏一个专门负责协调统一使用计划、价格、财政、税收、金融、审计、和其他可调控手段的部门，宏观指导，企业成本控制和管理。从微观的角度来看，尽管大多数大中型国有企业建立施工管理组织的成本，但它的功能、工作目的、程序、方法和要求不明确，和它的主要任务是负责成本会计上如何确定公司的成本管理目标，对于如何提高组织形式和方法的内部成本管理和成本管理系统，很多管理者都以工作忙为理由不参加。

6. 成本管理的内容不全面

一些企业对成本管理内容的认识仍然是在有限的传统观念之中，认为成本管理是一个过程就是施工过程中的制造成本费用（劳动力成本、原材料成本、机械费用、现场管理费、独立费等）核算。缺乏管理的整个过程的生产运营成本，导致非制造业进入控制。项目成本飘升。

（二）市政工程施工项目成本控制优化对策

1. 建立成本控制观念树立节约意识

建立成本控制观念是施工企业的管理者必须具备。公司经理、副总、各职能部室、分公司，都应高度重视，消除作为事业单位时遗留的传统观念，加强节约成本的相关学习，在思想上对控制和节约成本有深刻的认识，并在工程施工中牢记"抓效益必须抓成本"的观念，公司要把节约成本管理作为一项光荣而艰巨的任务来抓。万事都具有相互性，公司尊重员工，才能增强员工的归属感，使员工内心接受公司，融入公司，真心的认为自己是公司的一部分，内心里自觉有节约成本的观念，其次公司要加强关于成本与市场竞争力等方面的宣传教育，调动全体员工参与成本管理的积极性和主动性，使每个人都关心成本管理，在生产中不自觉的参与成本管理。另外强化成本管理基本知识的培训，提高员工的基本素质。奖励创新以便带动员工参与成本管理的热情，创新好的成本管理方法，来增加公司的效益。

2. 完善项目管理组织

项目管理组织的建立应遵循的原则是组织结构科学合理，有明确的管理目标和责任制度，组织成员具备相应的职业资格、保持相对稳定，并根据实际需要进行调整；公司根据自身情况和需要确定工程相关项目管理组织的职责、权限、利益、和应承担的风险，并按照项目管理的目标对项目进行协调和综合管理；公司制定项目管理制度并对项目管理层进行指导、监督、检查、考核和服务。

3. 建立健全多部门、多层次管理制度

首先由公司经营财务部组织项目经理、核算部的工作人员一起制定项目的成本计划并报公司分管领导。分管领导批示通过后项目经理会同公司核算部编制项目的目标成本，目标成本由项目第一责任人（项目经理）负责实施。随后，由经营财务部连同工程管理部、技术质检部、核算部一起审核成本报告，审核监督目标成本的实施。最终由经营财务部、核算部、工程管理部、技术质检部联合对反馈出来的成本信息进行分析提出相应的意见，项目经理根据成本计划编制工程的目标成本，经营财务部联合工程管理部对成本的实施进行具体控制。

4. 丰富和完善成本管理的内容

（1）重视成本预测，做好投标报价工作

投标阶段，投标人必须面临的问题就是采取何种投标策略、何种施工方案进行投标，必须要分析中标的概率、中标后利润，并且根据利润与施工成本相对比来确定是否去投标这就要求公司必须建立一个强有力的投标组织，加强投标文件的研究及调查，真正的吃透文件，明确文件中的所以注意事项；同时对招标地的建筑市场进行认真仔细的摸底调查，明确所需材料的当地价格，做到心中有数，组织研究设计图纸，技术质检部派专员到现场进行实际勘测做到定性和定量预测，调查业主的信用，明确投标的风险，同时研究投标的竞争对手的实力来确定投标的方法，做到高效中标。

（2）加强工程索赔

由于不可预见性和业主的不合理要求往往会造成市政工程建设中的损失这就要求公司要建立一支专业技术过硬的工程索赔队伍，来挽回成本损失，工程索赔是一项专业性很强的工作。首先，工程索赔队伍，要配备具有丰富专业知识和施工经验的施工人员，和熟悉法律的专业顾问，谈判人员要掌握谈判技巧，适应性强，因为市政工程所涉及的业主单位往往是地方建设局或市政处等行政部门，因此掌握合适的谈判技巧能更加有效地为企业挽回利益；其次，在招标时，读透施工合同做好早期预测，准确地找到可能的索赔和索赔的因素。

（3）加强质量监管，强化质量成本管理

站在整体的管理理念上来说，加强质量监管，降低工程成本是统一的。因此，施工企业要有切实完善的经营理念，和强化质量监管的方法，建立健全质量保障体系，增强质量保障意识，积极推行质量管理方法，规范质量管理；另外，与时俱进提高项目的质量控制，提高新技术设备的更新换代，大力推广新技术、新工艺、新材料、新设备的使用，提高生产的效率；再次，加强质量成本管理正确和及时的决策好成本、会计、分析和评估工作，重点加强质量成本控制，坚持"防患于未然"的原则，在一些特殊的施工工序上可以采用一定的增加成本投入的措施来避免出现质量事故造成不必要的返工。

（4）完善供货渠道加强成本管理

首先，完善材料采购的成本管理、对于需求量大、规格统一、有特殊要求的大宗材料由工程管理部直接与供货商签订采购合同以保证供应材料的质量，公司要强化供货渠道的管理减少事业遗留的找熟人供应材料、建设局领导强行指定材料供应商的现象发生，公司要建立健全内部材料采购控制制度，完善材料的招标体系，消除盲目采购和采购流程重复舞弊的现象降低材料采购成本；第二，强化财务管理，加强材料款支付的流程管理，做到由供应商提供材料发票，工程管理部收集项目部对材料的实际使用情况的反馈做出材料的实际使用量清单，财务部根据清单计算工程款并反馈工程管理部，工程管理部填写付款申请单并交直属领导签字后由财务部进行放款的资金运作流程，加强监督，防止任意借用，滥用资金现象的发生，保证生产建设所需资金高效运作。

5. 将项目管理作为重点，推行目标成本管理

项目管理和施工公司从基础设施管理的角度来看，是物料流和信息流交汇，是创建有效的来源。因此，建筑施工企业应重点关注成本管理项目。

（1）完善项目经理责任制

项目经理是一个代理公司项目的第一责任人，代表公司负责施工现场的成本管理，项目经理是复合型人才，能有效地根据项目施工合同、图纸以及预算对项目的前期准备工作进行科学合理的安排编制进度的计划上报工程管理部审核，并根据进度计划和作业特点优化配置人力资源，制定人力需求计划，报企业人事资源管理部批准，代表企业与劳务分包队伍签订劳务分包合同。

（2）目标成本控制的加强

首先项目经理根据工程情况制定项目的施工方案并报分公司领导。分公司领导批示通过后上报总公司工程管理部通过，项目经理会同分公司核算人员编制项目的目标成本，并由项目经理负责实施，确保目标成本的实现。再次由经营财务部连同工程管理部、技术质检部、核算部共同监督目标成本的实施。做到对目标成本的实施进行多层次有效地监督。

（3）规范成本考核制度

成本考核制度包括考核的目的、时间、范围、对象、方式、依据、指标、组织领导、

评价和奖惩原则等内容。公司对项目部进行考核与奖惩时纪要防止虚盈实亏，也要避免实际成本归集差错等的影响，使项目成本考核真正做到公平、公正、公开，并在此基础上兑现项目成本管理责任制的奖惩或激励措施。

6. 落实工程成本管理的内容

成本管理贯穿于项目的整个周期，必须是按照相关制度和章程办理的循序渐进的、责任到人的，必须注重落到实处，尤其注意以下问题。

第一，成本管理人员要合理确定机械定额，把机械的核算落实到具体机型及个人，提高机械设备的使用率，为超额完成机械定额做好基础。

第二，严格控制经费使用，建立经费审批制度，加强对差旅、招待、办公等费用的开支。对于施工现场人员，必须狠抓编制，坚持定岗定员。

第三，项目工期的长短直接与项目成本挂钩，随着项目周期的变化项目成本也会随着变化。若由于施工组织设计或其他原因导致项目工期延长，势必会增加项目的总成本，不同的总工期会产生不同的总成本，二者关系复杂，必须加以明确和细化。

7. 强化工程项目的控制

成本控制可分为施工前的成本控制、施工过程中的成本控制和竣工验收期的成本控制三个阶段，在工程项目中只有把握好整个过程的成本控制，才能有效地控制成本。这就要求在施工过程中，各职能部门要多多配合，相互帮助，加强纵深联系，充分发挥各部门的角色管理成本管理会计资料、设备、质量控制、安全等领域，以及金融、审计监督法律监督的角色，角色的领导人纪律检查部门的主导作用，以确保成本控制高效运行并不断地完善加强，为公司提供最大的利益。

（1）工程开建前的成本控制

施工项目在项目成本目标的确定和分解，基于项目的成本目标、项目成本目标，批准后，公司的管理、项目目标的测试，然后由领导签署的企业高管和项目经理和项目经理的项目成本目标责任。项目运行一段时间后，然后由项目管理部门和审计部门进行项目运行情况进行核实和检查，这是根据运行情况对成本目标管理的根本。

（2）工程开建后的成本控制

项目启动后，项目的目标是成本依照内部程序，时间表，工作分为不同的部分，以分解落实到有关部门和项目网站，结合施工进度，成本目标分解到季度、月、周。在施工过程中，每一个部门、每一个施工过程或时区，都必须严格控制各种材料的消耗额度。做好施工日记，前后对比进行划分对比分析，对工程进行及时纠偏。

（3）项目竣工阶段的成本控制

高效完成项目的扫尾工作，准确完成工程竣工和验收时间结算，确保工程项目的顺利支付。目前市政施工企业在工程扫尾阶段，将施工队伍部署到新工程项目中，导致扫尾工作战线过长，机械设备不能及时转移，项目成本仍居高不下，这一部分费用逐渐的吞到了施工阶段产生的利润，因此，在工程交付阶段，在确保工程质量的前提下尽量减少扫尾工作的时间。。

及时进行工程结算。通用的工程合同结算成本＝成本＋改变成本。但施工过程，一些真正的经济业务的结算，有公司或工程部门直接发送，工程预决算不控制实际的数据往往是项目结算时失踪。因此，在结算之前的过程项目部需要对成本估计进行仔细全面的检查。

在项目完成项目部撤离施工现场后，项目经理要指定工程移交前的养护人员，养护员根据现场的情况上报养护方案（包含费用计划）作为控制养护成本的基础。

8. 工程费用的监控

工程直接费它是由项目建设过程中直接构成消耗的人工费、材料费、机械使用费组成。工程直接费是构成工程成本的主体，因此要做好各方面的工作，实现三大费用的准确控制。

（1）材料费的监控

建设过程中材料消耗是工程成本消耗的最大比重，在项目全部成本控制中占据非常大的地位，成本控制主要的材料数量控制和材料价格管制。其中，材料的使用材料是合理控制使用条件规定限制批量接受者，购买材料必须严格控制材料统计检验的方法，当购买的材料必须严格验收交接检验程序处理在运输中出现缺陷或损坏材料立即申请更换或者退货，避免质量隐患。材料添加合理、正确的成本控制管理方法后，以避免浪费和二次运输造成的成本增加。材料的价格，公司及时对动态建材市场价格进行控制，坚持"高质量，低成本，降低运输费用和损耗"的原则，降低成本，考虑资金的时间价值，减少交通运输损耗，计算经济库存，大批量购买合理确定加速商品周转，减少流动资金占用减少材料库存。

（2）人工费的监控

人工费监控是成本管理不可缺少的环节，企业应当结合自身的特点和项目的实际情况，制定相应的措施和标准，来抓好人工费用的支出。

（3）机械费的监控

现代社会的发展各领域机械化程度越来越高，机械的大规模使用成为加快施工进度，保证工程提前或按时竣工的主要因素。如何合理的组织和调配机械，提高单位时间的生产效率，已成为降低项目成本提高效益的重要途径。

现场施工中机械费控制的主要措施有：第一，做好工程机械的调度，优先利用自身机械公司的机械，保证自有机械的利用率；第二，外租机械要先摸清当地行情，然后确定机械租赁价格；第三，加强机械保养程序的学习，降低不必要修理费用的开支；第四，提高机械手的技术素质，降低油耗和人为损失，提高台班效益；第五，工程管理部配合机械公司全程负责设备的调度、检查、维修。

9. 优化施工方案

施工组织和方案的好坏，直接影响施工项目的成本费用，是最能够直接表现施工项目成本降低与否的主要方式。为相应缩短工期、提高质量、降低成本的目标，针对建设工程

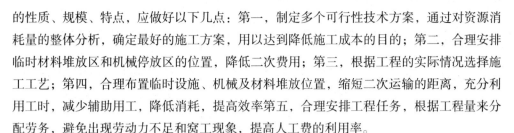

的性质、规模、特点，应做好以下几点：第一，制定多个可行性技术方案，通过对资源消耗量的整体分析，确定最好的施工方案，用以达到降低施工成本的目的；第二，合理安排临时材料堆放区和机械停放区的位置，降低二次费用；第三，根据工程的实际情况选择施工工艺；第四，合理布置临时设施、机械及材料堆放位置，缩短二次运输的距离，充分利用工时，减少辅助用工，降低消耗，提高效率第五，合理安排工程任务，根据工程量来分配劳务，避免出现劳动力不足和窝工现象，提高人工费的利用率。

10. 三新技术的应用

科技进步是提高自身产品的科技含量，减少市级企业成本的有效途径。认真研究国内外工程所掌握的科学和技术信息，经验和信息，结合自身需要，制定实施符合自身需要的发展规划，合理利用新技术，新工艺，新技术，尤其是在材料消耗上三新技术的应用，通过国内外工程对三新技术的应用使其表现出了巨大的潜力和广阔的发展前景，施工企业应积极主动的尝试这些新的成果，真正体会科技创新的实在好处。

第二节　市政工程建设风险管理

一、风险及风险管理概述

（一）风险的概念

风险，通常是指在既定条件下的一定时间段内，某些随机因素可能引起的实际情况和预订目标产生的偏离。其中包括两方面内容：一是风险意味着损失；二是损失出现与否是一种随机现象，无法判断是否出现，只能用概率表示出现的可能性大小。风险概念的理解，可以从以下几方面出发：一是风险是与人或组织的行为相联系，因此受决策支配；二是风险源于客观条件的变化，因此可以认识和掌握客观条件运行的规律性，从而对其做出较为科学的预测；三是风险是指可能的后果与目标所发生的负偏离，种类繁多，程度不同；四是风险研究多针对负偏离，但偶尔出现的正偏离属于风险收益，应予以重视。风险收益这种正偏离的存在促进了人们为谋取更多的利益去承受更多风险。

（二）风险的特征

风险在自然界和人类社会随处存在，风险具备如下特性：

表 3-1　风险的特点

风险特点	相应内涵
客观性和普遍性	风险不因为人是否意识到它的存在而存在，而因为各式各样的客观因素导致其存在
突发性和破坏性	风险发生是诸多风险因素和其他因素共同作用的结果，往往很具有随机性，风险突然发生时的准备不充分更加剧了风险的破坏性
多变性	风险本质和破坏程度会随着内外部条件变化而变化
无形性	风险虽然客观存在，但不是有形的实体，这一特点使得人们难以掌握风险的规律
相对性	一方面，风险的破坏程度不仅由自身决定，还与人们对风险抵抗力大小有关；另一方面，风险在某些特定状态下会发生转化

风险的客观性和普遍性启示我们要抵御风险，首先应该全面了解风险，在知己知彼的基础上提出控制方案来降低风险损失。而突发性和必要性要求通过大量风险事故资料的观察和统计，得出其运行规律，加强对风险的预警和防范研究，从而建立风险预警系统和防范机制。风险多变性要求风险应对机制也应该是动态、有柔性的。总之，风险虽然复杂，但综合使用定性和定量的分析方法例如系统理论、概率论等，认识风险的形成、内外部影响因素，还是能够有效预知风险运动规律并防范风险的。

（三）风险管理的概念

风险管理理念起源于 20 世纪最开始的阶段，当时关注的问题主要是如何控制、分散、转嫁、预防、代偿和回避各种风险等。20 世纪 70 年代左右，主流风险管理概念指的是预防和应对风险的具体办法或者实践，当时已经有意识、有针对性地提出计划、估计风险大小和制定应急方案来应对风险问题。综合各方观点，风险管理可定义为：组织对活动可能遇到的风险进行规划、识别、估计、评价、应对、监控的过程，是以科学的管理方法实现最大安全保障的实践活动的总称。

以防止和减少损失为最高目标，为了低成本有效地保障活动安全，风险管理需要尽早识别风险，对其采取控制和处理措施，消除不利影响。风险管理的系统目标包括两个：一是损失发生前的目标，另一个是损失发生后的目标。

工程建设风险的成因、破坏过程、破坏力大小、潜在影响范围及其破坏力等错综复杂，单一的学科理论、方法措施都无法进行合理解释。因此，风险管理需要灵活采纳多种学科多种方法、手段和工具来解决问题。

（四）风险管理的特征

风险管理具有以下属性：

1. 全面性

为了实现目标，风险管理必须把握可能导致风险的各个环节，树立全体管理人员的风险意识，要明确各相关风险要素之间的关系。

2. 目标性

风险管理的目标性是指其围绕降低项目代价的目标，使用各种工具办法降低风险带来的损失。

3. 前瞻性

即在风险发生以前，通过系统的分析、评价技术，挖掘风险影响因素，选取相应的措施来应付风险结果，减少损失或者转化不利局面为有利局面。

4. 经济性

运用风险分析对意外费用进行大致预估，是的项目成本预算的准确性有所提高，避免因费用超支而产生不安，从而更好实现项目成本管理职能。

5. 分析性

调查和收集资料是风险管理的基础，必要时还需进行试验、模拟来分析研究各种因素之问的相互关系、相互作用机理。

（五）风险管理的原则

1. 经济性原则

总成本最低是风险管理首要原则，以最经济合理的方案来控制风险。否则，进行风险管理的费用超过或相当于风险所产生的损失，风险管理也就无价值了。

2. 信息准确全面原则

决策需要基于信息。信息的全面、准确、及时和适用影响风险管理中对决策结果出现概率估计的准确度。概率值的估计越是准确，决策就越正确有效。

3. 满意原则

风险随客观因素动态变化，又不是有形实体，这导致难以用确定的标准来比较风险大小，因此风险管理符合决策者利益即满意原则即可。

4. 社会性原则

风险管理首先需要合法合理，而且规划和应对方案的制订必须要考虑与组织活动有关的客观条件了，包括对其他组织和个人的影响。

5. 灵活性原则

要不断论证决策方案对风险情况的适应能力，而且决策目标和决策方案都要有后各考虑，以应付可能发生的突发事件。

二、市政工程施工质量风险管理的方法

（一）市政工程质量风险管理评价模型

市政工程质量风险管理评价模型主要包括以下四部分：风险辨识、风险评估、风险分析及其风险控制。

1. 风险辨识

风险辨识主要是通过系统及定性分析可能对质量产生影响的风险因素，提取出对工程建设项目质量有影响的主要风险因素，进而实施风险管理。风险辨识一般由三部分组成：首先，需要确认可能性的客观条件，如风险来源、发生条件及后果等；其次，应建立相应的风险因素清单；最后，按照风险的特点进行分类。

2. 风险评估

在风险辨识的基础上，按照对质量目标的重要性，利用科学方法对风险权重进行排队，从而进行有针对性的重点管理，即为风险评估。在风险评估后，管理者即可根据重要程度对各风险使用不同的风险控制方法按等级进行管理。

3. 风险分析

通常利用定性分析与定量分析结合的方法对工程项目中的风险进行分析，即风险分析。值得一提的是，各风险分析方法的适用性及特殊性应予以考虑。即应针对具体的工程项目具体分析，选用合适的风险分析方法或风险管理模型。

4. 风险控制

作为风险管理的最后一步，应针对不同的风险采取不同的措施，从而消除或尽量减少风险事件的发生。最好能够提前准确预测风险事件，从而在风险发生后合理采取风险措施避免或减少损失。

通过上述四个步骤，构建质量风险管理模型，根据风险来源、性质、影响等对整个工程进行控制，避免或减少质量损失，最终达到质量风险管理的目标。

（二）市政工程质量风险种类与责任分担

由于市政工程建设的质量风险有其特殊性，需要在质量风险管理时，尤其注重风险来源的偶然性和必然性，对所有风险因素进行综合评估。

1. 市政工程建设中质量风险种类和分析

根据 FIDIC 规定，市政工程的质量风险包括施工活动中的风险和特殊风险两部分，特殊风险主要指战争、暴动、不可抗力、汇率急变等。按照风险对质量的影响程度，进行以下三类划分：

（1）极端严重的风险

即可能使业主或承包商破产或倒闭的风险。这类风险发生概率极低，但后果即为严重。风险承担者应认真对各种环境进行分析，进而决定是否追求高利润。

（2）严重危害的风险

这种风险可能会影响工程的总体质量，使业主和承包商遭受严重经济损失。应在事先预测的基础上，认真对待，添加合同条款的保证，尽量避免或减少。

（3）常见的一般危害的风险

指常见但危害较轻，对总体工程质量可能造成损失的风险。对此类风险，应有针对地采取灵活的措施，尽量转移或避免。

2. 风险责任的分担

根据 FIDIC 合同，根据工程具体情况，将风险转移到最有条件管理或能将风险降到最低的一方，是最合理和最节约成本的。

（1）业主承担的风险责任

主要包括特殊风险、未办理正常的移交手续和自然灾害、合同缺陷等造成的风险，以及其他政治和经济风险。

（2）承包商承担的风险责任

主要包括施工技术不完备或材料缺陷的风险，以及工程监管力度不够的风险、不可抗力风险等。

（3）设计方承担的风险责任

主要包括设计失误导致的工程质量问题，及相应导致的工程延期等等。

（三）市政工程建设中质量风险因素的识别

市政工程质量风险因素的预测识别，主要通过风险因素调查、数据和信息整理分析、实验论证等进行风险因素识别，并通过归类与细化，形成风险因素的结构图。质量风险因素总体划分原则基本一致，在此按照技术风险和非技术风险两大类进行了归纳，如表 3-2 所示。

表 3-2　市政工程建设质量风险因素表

风险因素	风险事件	
技术风险	技术设计	设计缺陷、技术错误、规范不恰当、考虑不周
	施工	技术落后、方案不合理、安全措施不当、新技术的失败、现场不了解
	其他	工艺设计不达标、流程不合理、安全性不够
非技术风险	自然环境	地震、台风、火灾、洪水等不可抗力、复杂地质、气候条件
	政治法律	法律变化，罢工、经济制裁、战争

[续表]

风险因素	风险事件	
	经济	汇率急变、材料涨价、通货膨胀、市场动荡
	组织协调	业主与上级、设计施工、监理方的协调，业主内部协调
	合同管理	条款表达有误或遗漏，合同类型不当，模式有误，索赔不力，合同纠纷
	人员	各方人员能力、素质、水平
	设备	设备配套不完整、安装失误
	资金	资金短缺，筹资方式不合理
	材料	供货拖延或不足、质量缺陷，新特材料问题使用，浪费

（四）市政工程建设中质量风险的评价

质量风险评价，主要是通过风险识别提出的风险结构，按照对工程质量的影响程度，监理风险评价模型，计算出各风险的发生概率，从而为风险应对提供科学依据。

首先，需要确定风险因素对质量目标的影响程度。这一点可以从两个方面进行分析：一是从市政工程的规模、资金来源和特点等进行分析；二是综合专家咨询、历史经验、数据信息和科学理论进行分析。其次，建立工程质量风险的综合评价模型。由于市政工程涉及定性和定量两方面，因此采取定性与定量结合的评价方法，按照质量检验规定，从规范度、外观质量等多方面进行综合分析。最后，评价模型应满足科学性和适用性。一方面，评价模型应能够清晰准确地揭示各风险要素间的关系；另一方面评价模型应有效去除人为因素，并具有使用方便、结果明朗的特点。

（五）市政工程建设中质量风险的控制

风险控制，主要根据风险评价模型，有针对地采取控制措施和方法，消除风险发生的可能性，避免或减少可能的风险损失。风险控制方法一般包括风险回避、风险及安全、风险抵消、风险分离、风险分散、风险转移和风险自留。

1. 风险回避

风险回避，主要是由于风险发生的可能太大或导致的损失太大而放弃工程项目或改变目标。对于市政工程项目，应在立项阶段就利用专家学者、历史经验等进行详细技术论证和风险分析，选择放弃或改变质量目标。

2. 风险降低

风险降低包括两方面：风险发生概率、风险损失。通过实时跟踪市政工程项目进展及质量风险，有针对地灵活调整质量风险管理策略。

3. 风险抵消

通过合并风险或同时操作多个项目，在有其他收益的基础上，降低风险损失。一般工程项目的风险损失是累计的，会影响总体质量目标。但对于多项目管理者而言，风险抵消更具有应用价值。

4. 风险分离

通过避免各风险的相互牵连甚至是连锁反应，避免风险损失。鉴于实际工程项目各风险因素关联性较大，风险分离的方法具有可行性和一定的效果，同时需要管理者有相应理论和技术水平。

5. 风险分散

通过增加风险承担的单位，减少单个风险管理者的损失。在实际市政工程中，利用各单位的特点和优势进行分析，并赋予各自擅长的工序，有效分散工程质量风险。

6. 风险自留

即风险管理者自己承担风险，主要适用于风险成本过高、风险损失在承受范围内、缺乏风险管理技术和其他方法都不适用的情况。

7. 风险转移

通过其他合同或协议，将风险转移到第三方身上。风险转移的方式包括保险风险转移、非保险风险转移两种。前者主要是购买保险转移风险，后者包括分包、无责任约定、合资经营等转移方式。

上述风险控制办法，应针对其自身特点和使用情况，针对实施问题具体分析，进行合理、科学选用或综合应用。

（六）市政工程质量风险控制策略

1. 市政工程质量风险管理的主体

我国市政工程质量的风险管理主体主要是业主，如工程投资方、地方主管部门。而相关质量监督部门、技术部门、监理咨询等，主要为业主提供质量风险管理的指导和咨询。

2. 市政工程质量风险管理的组织及责任

（1）政府主管部门

政府主管部门，主要是对质量风险管理内容进行具体的明确，同时建立和健全相关法规制度。其他相关监督管理部门和技术部门，主要负责工程建设项目整个过程（立项、招投标、施工、验收）的监督和检查，并实时监控质量风险。

（2）业主

业主（或投资方）应转变管理理念，树立市场经济下的质量风险意识，向党和人民负责。其次，要划清权责利，实行问责制，发生质量问题时能够追究到人。

（3）项目管理者

项目管理者主要是根据实际情况实时调整风险管理计划，并指定专人做好质量管理的原始记录，在信息输入和分析的基础上，准备好风险应对措施，努力将风险损失降到最低。

（4）承包商

承包商应在树立法制意识的基础上，明确风险来源、影响程度等，制定相应的质量风险控制手段与防范措施，避免影响企业的经济效益及信誉，保证长久立足于激烈的市场竞争中。

（5）监督部门

质量监督部门应针对各工程建设的环节、过程，进行实时监督、检查和检验，做好实现事先控制，提供风险控制的方法咨询等，尽可能排除可能导致质量问题的相关风险因素。

在树立法制意识和责任意识的基础上，市政工程建设各方努力加强对质量风险的管理，进行通力合作和协调。通过利用科学方法进行合理的正确决策，减少风险发生的可能性，进而努力将风险向有利方面，促使市政工程建设项目总体质量目标的完美实现。

3. 市政工程质量风险控制的主要手段

通过风险控制，使影响市政工程质量目标实现的风险事件损失期望值无限趋于零，是市政工程质量风险控制的最终目的。市政工程质量风险的控制主要包括以下两方面：减少风险损失发生的概率、降低风险损失的大小。在上一节提出的众多质量风险控制手段中，针对市政工程质量风险，以下主要对风险回避、风险自留和风险转移三种手段进行重点介绍。

（1）风险回避

风险回避，从本质上来说，属于中断风险源的风险控制手段，它的目标是使风险发生概率为零。

根据市政工程建设项目的具体执行特点，一个建设项目的确定，也就意味着是一个目标既定、技术可行、方案严谨、可行性相对较高的项目。

对于已开工的市政建设工程项目而言，在项目执行过程中可能会出现未知或者未提前预测到的风险因素，但其已经过了立项阶段的项目可行性研究，并对那些发生可能性不大但损失较大的风险因素已经给予了充分考虑。另外一方面，已开工的市政建设项目，也意味着承包商完整明确了招标文件，并根据实地调查充分了解了建设项目，并对工程建设项目中可能的风险及其风险回避有了自身的准备。承包合同签订过程中，承包商一方面表明了其投入资金、人员、设备、材料到工程建设项目的意愿，同时也在合同中对可能面临的风险因素进行自留或者转移。在实际工程建设过程中，除了风险回避策略的选择，承包商也应对该策略的选择进行合理预测，避免风险损失过大或者风险回避机会的错失。

从上述角度出发，风险回避事实上是一种消极的质量风险控制手段。在实际工程建设项目风险管理的应用过程中，尤其是已开工的市政工程建设项目，更应该注重以下两种风险控制手段：一是风险自留，并在此基础上加强风险的防范和控制；二是转移风险。其他诸如风险低效、风险合并、风险分散等控制手段，一般并不适用于已开工的市政工程建设项目。

通常情况下，在实际的市政工程建设项目中，可在以下三种情形下选择采用风险回避策略：第一，工程建设项目的水文地质条件过于复杂，而承包商自身的人员能力、工程技术水平、机械设备等可能无法达到合同要求的工程质量；第二，工程建设项目的周围环境或者气候条件恶劣、风险发生的可能性较大，即使能够达到质量要求，但承包商为此所付出的成本可能远远高于自己可能获得的利润；第三，工程建设项目的资金供给不足或无保证、工程建设项目的质量和进度要求不能及时达到预定目标，即使项目已经被批准，但将来索赔困难。

（2）风险自留

风险自留，主要是业主或承包商自身承担风险损失，属于积极的主动风险控制方式，其承认风险发生的概率，目标则是减少损失。风险自留，一般包括主动自留、被动自留两种，也可以分为全部自留、部分自留两种。风险自留对策包括两种：一是非计划性风险自留，二是计划性风险自留。前者主要是指风险承担方没有预测到或意识到风险的存在，因而也未做准备；后者则是风险承担者在合理的风险分析和评价的基础上，有意识地应对风险潜在的损失。

在市政工程建设项目的施工过程中，风险自留策略通常有以下 5 种情形：第一，事先未发现设计缺陷，而在施工过程中又不可能提出设计变更；第二，除了保险外的施工过程中导致质量不达标的风险，且风险承担者可承受风险损失；第三，通货膨胀导致材料价格上涨导致成本提高，而按照合同变更调整价格或索赔损失有困难时；第四，由于长期旧体制、法制法规不健全，我国工程建设中业主违约时，如缺乏合同意识、拖欠工程款、拆迁不到位等；第五，风险对已完工程造成损坏，但仍在缺陷责任期内，且影响市政工程建设的总体质量时。

（3）风险转移

风险转移，主要目标是通过采取合理转移方式，如合同转移和工程保险，将风险可能造成的损失转移给第三方，从而避免自身的损失。如上所述，合同转移主要利用合同将活动本身或者风险转移给对方，包括业主、分包商、承包商、供应商等。工程保险，作为市政工程建设项目中最为主要的风险控制手段，主要是通过与保险公司签订保险合同的工程担保和保险制度，将项目实施过程中可能发生的大部分风险作为保险对象，并就相关损失承担及可能的纠纷作为合同条款，进行相关质量风险的转移。

实际的市政工程建设项目中适用于风险转移的情况有以下三种：第一，工程建设项目相关方有重大违约行为，其中项目相关方包括业主、设计方、供应商、分包商、承包商等，该种情形适用于合同转移；第二，在工程建设过程中发生重大质量安全事故，该种情形适用于工程保险；第三，工程建设过程中施工设备发生问题，从而不满足工程质量要求，该情形亦适用于工程保险。

第四章　业主方工程项目管理

第一节　业主方工程项目管理规划体系概述

一、业主方项目管理的目标和责任

（一）业主方项目管理的目标

业主方项目管理服务于业主的利益，其项目管理的目标包括项目的投资控制目标、质量控制目标和进度控制目标。

业主的投资控制目标是指项目的最优规模、最佳功能和最高投资效益，也就是项目最理想的投资决策。业主的质量控制目标不仅涉及项目的施工质量，还包括设计质量、材料质量、设备质量和影响项目运行或运营的环境质量等。质量目标包括满足相应的技术规范和技术标准的规定，以及满足业主相应的质量要求。

项目的进度控制不仅直接影响工程项目在计划期限内按时交付使用，并关系到整个项目投资活动的综合经济效益能否顺利实现，因为业主方的项目管理是从项目前期决策阶段到运营阶段的工程全生命期的管理。业主方必须将项目的计划工期严格控制在事先确定的目标工期范围内，在兼顾投资、质量控制目标的同时，努力促使建设期各阶段工期的缩短。

（二）业主方项目管理的责任

业主方项目管理的责任是项目全寿命期、全过程的责任。

为保证管理目标的实现，业主对项目的管理应包括决策、计划、组织、协调和控制职能。

政府对工程建设项目的管理贯穿工程项目建设的全过程，作为业主方必须掌握政府部门的管理内容，并确保项目建设在符合国家法规的轨道内进行。

二、项目计划的原则

为了保证项目目标得以顺利实现，项目计划应遵循以下编制原则：

（一）实用性原则

项目必须具有实用性。首先，项目计划方案要实事求是，必须建立在对项目所处的内

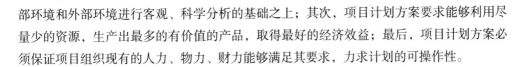

部环境和外部环境进行客观、科学分析的基础之上；其次，项目计划方案要求能够利用尽量少的资源，生产出最多的有价值的产品，取得最好的经济效益；最后，项目计划方案必须保证项目组织现有的人力、物力、财力能够满足其要求，力求计划的可操作性。

（二）系统性原则

项目计划本身是一系统，它是由各项子计划有机构成的。子计划之间不是互相独立的，而是密切相关、紧密相连的。在制定各项子计划的过程中，不能只考虑单项计划的最优选择而忽视项目整体方案的最优。最优方案不是各最优单项子计划的简单相加，而是整体的辩证性的最优，它的关键在于系统内部结构的有序和合理，在于系统内、外部关系的平衡与协调，追求的是"1+1>2"的效应。要对项目各方面制约因素综合分析、权衡利弊，不能片面追求其一单项指标，要在尽最优化各单项计划的同时，追求项目计划的总体平衡。

（三）动态性原则

项目计划是要不断变化的。尤其对于大型项目，项目生命期通常要持续几年、甚至十几年，在此期间，项目执行过程中的内部和外部环境难免会发生变化，使所未料的情况常有发生，甚至会同项目计划的假设条件大相径庭，因此，项目计划要随着环境和条件的变化而不断调整和修改，同时应考虑多种应变计划和解决方案，做出各种应急准备，以保证完成项目目标。

（四）目的性原则

任何项目计划都有明确的目的，即项目目标。项目目标是项目计划的核心，项目计划就是围绕如何实现项目目标而制定的。广义来讲，项目目标具有三个层次：第一个层次，是项目业主对项目的需要和期望，这是项目产生的原因和动机，也是项目最根本的目的；第二个层次，是项目团队成员个人价值的实现，这是激励项目成员更好的完成任务的需要，也是实现项目第一个层次目标的保证；第三个层次，是项目应该提高社会的整体福利水平，能够满足一定社会需要，能够促进生产力的发展或者提高人民的物质文化生活水平，要注重社会效益。

三、业主方工程项目管理规划编制的指导思想

（一）集成化管理思想

业主方的工程项目管理是从项目前期决策阶段到运营阶段的工程全生命期的管理。它的管理职能及管理对象是全局性的，它的管理职能包括投资、进度、质量、HSE、合同、信息等的管理，管理的对象包括设计、监理、施工、材料及设备厂商等。因此，业主方的工程项目管理是个复杂的系统的工程，基于复杂系统的管理必须考虑集成化管理。我们将集成化管理的内涵描述为集成化管理是将两个或两个以上管理要素集合成为一个有机整体

的行为和过程，所形成的有机整体不是管理要素之间的简单叠加，而是按照一定的集成模式进行的再构造和再组合，其目的在于更大限度地提高集成体的整体功能。从本质上讲，集成化管理强调集成体形成后的整体优化性，功能倍增性，共同进化性，相互协同性，结构层次性等。集成化管理的效应最终体现在管理活动的经济效果上，主要包括聚集经济性，规模经济性，范围经济性、速度经济性等

（二）全寿命周期管理思想

现代工程项目高科技含量大，是研究、开发、建设运营的结合，而不仅仅是传统意义上的建筑工程。建筑过程，特别是施工过程的重要性及难度都相应地降低了，而项目投资管理、经营管理、资产管理的任务和风险加重，难度加大，项目从构思、目标设计、可行性研究、设计、建造指导运营管理全工程的一体性要求增加。作为投资主体的业主要负责工程项目的前期策划、设计、计划、融资、建设管理、运营管理、归还贷款。因此，业主方的管理对象就是一个从构思开始直到工程运营结束的全生命期的工程项目。

过去的工程项目以建设过程为管理对象，以质量、工期、成本为三大管理目标，由此产生了项目管理的三大控制。这种以工程建设过程为对象的管理目标是有一定局限性的，容易将项目管理者的思维局限起来，同时项目管理过于技术化。这种状况岁还项目管理理论的发展和学科体系的建立。

随着工程项目管理研究的时间和不断深入，工程项目的生命周期不断向前延伸和向后发展。首先，向前延伸到可行性研究阶段，随后又延伸到项目的构思；向后拓展到运行管理阶段。这样，便形成了工程项目管理全生命周期管理理念。工程项目全生命周期管理不仅扩大了项目管理的时间跨度和内涵，而且从工程项目和整体出发，反映项目全生命期的要求，更加保证了项目目标的完备性和一致性。在工程项目全生命期中能够形成具有连续性和系统性的管理组织责任体系，更加保证了项目管理的连续性和系统性，从而极大地提高了项目管理的效率，对改善项目管理的运行情况也起了重要的作用。

（三）考虑运营情况

工程项目的价值是通过建成后的运营实现的。工程项目通过它在运营中提供的产品和服务满足社会需要，促进社会发展。现代社会对工程项目与环境协调和可持续发展的要求越来越高，要求工程项目在建设和运营全过程都经得住社会和历史的推敲。这样人们就必须从更高层次上认识和要求工程项目管理。如果不将运营纳入工程项目的生命期，则会不重视工程项目的运营的问题，忽视工程项目对环境、社会和历史的影响，不关注工程的可维护性和可持续发展能力。

第二节 业主方的工程项目管理

一、工程项目管理的相关概念

工程项目管理是为了达到预期的目标，通过一定的管理组织形式，用系统工程的科学理论和相关方法对工程项目建设从投资决策阶段、实施准备阶段、实施阶段、竣工验收阶段以及投入使用后保修的全过程进行相应计划组织以及协调决策和管理控制等一系列活动，合理有效利用工程项目可利用资源，最终取得最佳的经济与社会效益，同时满足环保要求。

工程项目管理是以工程项目建设全过程为对象的管理活动，它涉及影响建设工程项目实施中的资源、目标、组织、环境等基本要素。资源是工程项目顺利实施的最基本保证，包括人力、建设资金、相关建材与设备、相关工程技术等。工程项目的目标具体分为成本控制、进度控制、质量控制等目标，并协调其中的关系实现工程项目整体效益的最大化。组织是指实工程项目实施过程中相关的组织结构与形式以及采取组织活动。环境因素包括内部环境因素与外部环境因素。工程项目内部环境是指组织结构内部关系。外部环境主要包括社会政治环境、社会人文环境、社会经济环境、水文地质环境以及相关的法律法规等。环境是工程项目实施成功的基础。

二、工程项目管理的特征

项目管理是一项负责的工作，项目管理具有创造性，项目管理需要集权领导和建立专门的项目组织，项目经理在项目管理中起着非常重要的作用，以上是项目管理的基本特点。工程项目管理属于项目管理的范畴，工程项目管理还具有以下几个特征。

（一）工程项目管理多目标性与统一性的特征

成果性目标和约束性目标是工程项目管理的主要目标，它们构成一个多元化目标体系。成果性目标是指项目的功能和效益两个目标，即各项经济效益指标。约束性目标指工程项目的成本目标、进度目标以及质量目标，是工程项目实施过程中进行相关管理工作的主要依据和基础。工程项目的成本、进度、质量目标控制在管理过程中存在着一定相互制约关系，整体优化这几个控制目标的关系是工程项目管理的主要任务。工程项目管理目标是既有相互联系又有相互制约的统一整体，工程项目管理追求的真正目标是协调统一，相互兼顾，最终达到控制管理的最优效果。

（二）工程项目具有专业化和系统性特征

工程项目形成的过程特性决定了建设工程项目管理的指导原则，是一个贯穿于工程项目实施全过程的系统工程思想。首先要把工程项目作为一个整体，按照系统工程理论，将工程项目的工作任务与目标进行统筹规划和系统控制管理，并确定工程项目建设的总体目标，然后按照工作分解结构方法，把工程项目的总体目标与工作任务分解并落实到每个责任单元，由相关管理责任者分别按照要求，完成计划的任务和目标，最后进行综合汇总，形成最终成果，这也是工程项目管理者的主要任务之一。工程项目管理者的另一个任务将这些分解的目标任务和各个独立分散体系，通过有效的系统管理工作形成一个有机的整体。工程项目是一个复杂的系统工程，要想保证工程项目能顺利实施，业主单位需要充分利用各种专业技术力量和相关社会资源，将这些可利用资源进行统一整合，形成一个完整的管理体系。

（三）工程项目具有随机性和风险性特征

高风险性是工程项目建设的基本特征，主要包括社会环境、水文地质条件、建设资金融资、管理、工程技术相关政策方面的风险等，这些风险中有些是不可预见的，特别是水文地质风险以及受社会政治和经济影响的某些风险，是随机变化的和难以控制的。

三、业主方工程项目管理的重要地位及主要作用

（一）业主方工程项目管理的重要地位

一个建设工程项目往往由许多参与单位承担不同的建设任务和管理任务，如勘察、土建设计、工艺设计、工程施工、设备安装、工程监理、建设物资供应、业主方管理、政府主管部门的管理和监督等，各参与单位的工作性质、工作任务和利益不尽相同，因此就形成了代表不同利益方的项目管理。由于业主单位是建设工程项目实施过程的总集成者，即人力资源、物质资源和知识的集成，业主单位是建设工程项目生产过程的总组织者，因此对于一个建设工程项目而言，业主单位的项目管理往往是该项目的项目管理核心。

（二）业主方工程项目管理的主要任务

业主方工程项目管理的主要任务就是在对工程项目进行可行性研究以及在进行投资建设决策的基础上，对项目相关建设审批、地质勘查、工程设计、项目的招标、施工至竣工验收等全过程的相关活动进行计划、协调、监督、控制和总结，通过采用合同管理、组织协调、目标控制、风险管理和信息管理等措施，保证建设工程项目进度、投资、质量目标的协调与统一，并注意统筹规划，合理确定管理目标，防止发生盲目追求单一管理目标而冲击或干扰项目整体目标的实现。

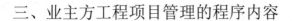

三、业主方工程项目管理的程序内容

目前我国的工程项目建设程序按大阶段分项目决策阶段、项目实施阶段和项目竣工投产三个阶段。按业主单位实施项目管理的主要过程分为项目建议书阶段、可行性研究阶段、工程项目设计阶段、工程项目准备阶段、工程项目施工阶段和竣工交付使用阶段。其中项目建议书阶段和可行性研究阶段为项目决策阶段，工程设计、工程项目准备和工程项目施工阶段属于工程项目实施阶段，竣工验收、交付使用属于使用阶段。

（一）项目建议书阶段

项目建议书是工程项目业主单位向国家相关主管部门提出的要求建设某一工程项目的建议性文件，主要阐述拟建项目的必要性及可行性。拟建工程项目应符合国民经济和所在地区以及相关行业的长远规划要求。项目建议书实际上是一个初步可行性研究文件。

（二）可行性研究阶段

项目建议书经发改委批准后，下一步应进行可行性研究报告工作。可行性研究是对拟建工程项目在经济和技术两个方面进行是否可行的分析和论证工作，是从经济方面和技术方面进行进一步的深入论证阶段，从而为业主单位进行项目决策提供依据。通过多方案比较，提出评价意见，推荐最佳方案是进行可行性研究的主要任务。为市场供需研究、技术研究和经济研究是可行性研究的主要内容。可行性研究报告经国家发改委批准后，作为工程项目初步设计的依据，业主单位不得随意修改变更相关内容。如果工程建设规模、设计方案等需要进行变更以及突破计划投资控制金额时应经相关批准机关同意。

（三）工程项目设计阶段

一般工程项目设计阶段由初步设计阶段和施工图设计阶段组成。

1. 初步设计阶段

该阶段是对可行性研究报告的要求进行分解所做的具体实施方案，主要目的是为了阐明在工程项目建设的地点、时间和投资计划金额内，拟建项目在技术上的可能性和经济上的合理性，依据工程项目的基本技术与经济方案，编制工程项目总概算。

初步设计不得随意改变经过国家相关主管部门批准的可行性研究报告所确定的建设规模、整体设计方案和工程标准以及计划投资总额等控制性指标。如果初步设计的主要技术指标需要变更，以及编制的总概算超过可行性研究报告总投资的 10% 以上时，应说明产生相关变化原因和相关数据的计算依据，并上报国家相关主管部门重新进行审批。

2. 施工图设计阶段

根据经过批准的初步设计文件，结合现场实际情况，完成工程的建筑、结构、给排水、暖通、电力通信等各专业的施工图设计工作，同时应具体确定各种设备的型号、规格以及相关设备的加工制造图，作为工程项目招投标与施工依据。

（四）工程项目准备阶段

1. 预备项目

初步设计已经批准的项目，可列为预备项目。国家投资的预备吸纳项目计划是对列入部门、地方编报的年度建设预备项目计划中的大中型和限额以上项目经过对建设总规模、生产力总布局、资源优化配置以及外部协作条件等方面进行综合平衡后，安排和下达的。预备项目在进行建设准备过程中的投资活动，不计算建设工期，在统计上单独列出。

2. 工程项目准备的内容

工程项目的准备工作内容主要包括以下几点。完成工程项目建设所在地块的土地摘牌工作，并整理施工场地。满足施工现场的供水、用电、通信需求，修建施工通道。组织相关设备、建筑材料的采购招标与订货。进行专项施工图审查，办理相关配套管线申请工作。向相关建设主管部门办理建设工程规划许可申请。并由业主单位或招标代理单位组织施工招标、投标，选定合适的施工单位。

3. 审批开工报告

按规定进行了建设准备并具备了开工条件以后，业主单位便应组织开工，申请审批开工要按照规定程序，大中型和规定限额以上的工程项目开工计划应报国务院批准，最终由国家发改委下达项目计划。地方政府无权自行进行审批大中型和规定限额以上工程项目的开工报告。按《建筑法》第七条规定，建筑工程开工前，业主单位应按照国家有关规定向工程所在地县级以上人民政府建设行政主管部门申请领取施工许可证，但是国务院建设行政主管部门确定的限额以下的小型工程除外。按照国务院规定的权限和程序批准开工报告的建筑工程，不再领取施工许可证。

（五）建设实施阶段

工程项目经过批准便进入了建设施工实施阶段，这也是工程项目实施的关键环节。建设工程项目设计文件中规定的任何一项永久性工程第一次破土开槽开始施工的日期作为开工建设的时间。不需要开槽的，正式开始打桩日期就是开工日期。铁路、公路、水库等需要进行大量土、石方工程的，以开始进行土石方工程日期作为正式开工日期。需要分期建设的项目，分别按照各期工程开工的日期计算。施工活动应按相关施工合同条款、施工图设计、施工程序和顺序、相关技术规范、在保证成本、进度、质量计划目标的前提下进行，达到竣工标准要求，经过各相关单位的验收后，移交给业主单位。

在施工阶段还要进行投入使用的准备，是项目使用或投产前由业主单位进行的一项重要工作。它是衔接建设阶段和使用阶段的桥梁，是工程项目转入生产经营阶段的必要条件。业主单位应组成相关管理机构做好使用准备工作。

使用阶段的相关准备工作的主要包括以下几个内容。确定项目使用运行管理机构并制定管理制度和有关规定。招收并培训生产人员，组织相关人员参加设备的安装、调试与工程验收。签订使用阶段所需原材料、燃料、水、电等供应及运输的协议等。

（六）竣工交付使用阶段

当工程项目按照设计图纸以及施工合同的规定内容全部完成后，便可组织工程验收。工程验收是建设全过程的最后一道程序，是建设工程项目所做的全部工作转入生产和投入使用的标志，是参与建设的相关单位向国家反馈工程项目的经济社会效益、质量、成本等全面情况以及交付新增固定资产的过程。竣工验收对促进工程项目及时投入使用、发挥投资效益及总结建设经验起着重要作用。通过竣工验收，可以综合评估工程项目实际形成的生产能力以及经济和社会效益。

第三节　工程项目业主方的成本管理

一、工程项目成本管理的含义

工程项目投资控制管理是在工程项目的决策阶段、设计阶段、招投标阶段和工程项目的实施阶段中，一方面编制与审核投资估算、概算、预算、结算及竣工决算，把工程项目的投资控制在批准的投资额内，随时纠正发生的偏差，以保证实施各阶段投资控制目标的实现。另一方面，要在实施各阶段经济与技术紧密相结合的基础上，合理利地用人力、物力、财力、获得最大的收益。

二、成本控制的目的与手段

成本控制的目的是把工程项目投资控制在批准的投资额之内，利用有限的投资，取得较高的价值。使可能动用的建设资金能够在工程项目中的各单位工程、配套工程、附属工程等分部分项工程之间合理地分配。严格审核投资的程序，发生投资偏差能及时采取补救措施，使投资支出总额控制在限定的范围内，最终不突破工程项目各阶段的投资控制目标。综合考虑工程造价、工程项目的功能要求及工程项目建设工期，以获得较高的收益。成本控制手段主要有四种。

1. 组织措施

明确工程项目投资控制的组织结构及监理单位投资控制的任务和权限，合理地划分管理职能。

2. 技术措施

通过对多个工程项目设计方案的技术经济分析与比较，选择最优工程项目设计方案，严格审核设计文件与概算、施工图设计与预算、施工组织设计，采用相应的技术措施研究节约投资的可能性。

3. 经济措施

广泛收集有关信息，严格审核各项费用支出，动态比较资金使用的实际值与计划值的差异，利用经济手段，控制建设投资。

4. 合同措施

明确合同双方对由于不可抗力及工程变更等原因引起的经济责任，尽量避免相关纠纷。

三、成本控制的原理与方法

成本控制的原理是以计划投资额作为工程项目成本控制的目标值，把实际产生的费用与相应阶段的成本控制目标进行对比，找出其投资偏差值，从而及时采取相关措施加以控制与纠正，不突破计划投资额。成本控制的基本方法是必须建立健全投资主管部门及业主、设计、施工等各有关单位的全方位投资控制责任制，并以业主单位为主，通过设计、施工单位的配合协作以及监理单位各自发挥监督职能，将成本控制贯穿于工程实施的全过程。

四、工程项目成本构成

（一）工程造价相关概念

1. 建设项目总投资

建设项目总投资指建设项目的投资方在选定的建设项目上所需投入的全部资金。建设项目一般是指在一个总体规划和设计的范围内，实行统一施工、统一管理、统一核算的工程，它往往由一个或数个单项工程所组成。建设项目按用途可分为生产性项目和非生产性项目。生产性项目总投资包括固定资产投资和包括铺底流动资金在内的流动资产投资两部分。而非生产性项目总投资只有固定资产投资，不含上述流动资产投资。建设项目总造价是工程项目中固定资产的投资总额。

2. 固定资产投资

固定资产投资主要包括基本建设投资、更新改造投资、房地产开发投资和其他固定资产投资四部分。建设项目的固定资产投资也是建设项目的工程造价，其中建筑安装工程投资也就是建筑安装工程造价。

3. 建筑安装工程造价

建筑安装工程造价是比较典型的生产领域价格，是建设项目投资中的建筑安装工程投资，也是项目造价的组成部分。投资者和承包商之间是完全平等商品交换关系，建筑安装工程实际造价是双方共同认可的由市场形成的价格。

（二）建设项目总成本及工程造价构成

建设项目总成本包含固定资产投资和流动资产投资两部分。工程造价由设备及工、器具购置费用、建筑安装工程费用、工程建设其他费用、预备费、建设期贷款利息、固定资产投资方向调节税构成。

（三）业主方在工程项目实施阶段的成本管理

1. 业主方在工程项目设计阶段的成本管理

（1）工程设计阶段成本控制的意义

成本控制贯穿于工程项目设计工作的全过程，贯穿于工程项目建设全过程。大量的实践表明，不同建设阶段对工程项目投资影响的程度是不一样的。对工程项目成本影响最大的是工程项目投资决策和工程项目设计阶段。初步设计影响工程项目总成本的可能性为最大（为 75% ~ 95%），相关技术设计影响工程项目总投资的可能性次之（为 35% ~ 75%），工程项目施工图阶段设计影响工程项目总投资的可能性最小（为 5% ~ 30%）。要想有效的控制工程项目投资，就要坚决地把成本控制工作重点转移到工程项目建设前期，关键在于工程项目建设前期的策划与决策和工程项目设计阶段。在进行相关投资决策后，工程项目设计就成了控制项目成本的关键因素。

（2）工程设计阶段成本控制的目标

由于工程项目建设周期长、消耗物资多、价格变动风险大、技术进步速度快，因而不可能从工程项目建设一开始就确定一个固定的控制目标，只能随着工程实践的逐步深入，逐步形成投资估算、设计概算、施工图预算、总承包合同价，投资控制目标也逐渐清晰和准确。成本控制目标是分阶段设置的，它们之间相互制约，相互补充，共同组成投资控制的目标系统。投资估算是工程项目方案设计和初步设计的投资控制目标。设计概算是技术设计和施工图设计的投资控制目标；总承包合同价是总承包单位在建设实阶段的成本控制目标。施工图预算或建筑安装工程承包合同价是施工阶段控制建筑安装工程的成本控制目标。

（3）工程项目设计阶段成本控制的方法

在工程项目设计阶段，正确处理技术与经济的对立统一关系是控制成本的重要原则。在工程项目设计中，既要反对过于片面强调节约，从而忽视技术上的合理要求，使工程项目达不到使用功能的要求。又要反对过分重技术，轻经济，使设计过于保守造成浪费或者盲目追求先进但脱离实际情况的错误倾向。工程项目设计阶段控制成本的主要方法有：实行设计方案竞选和工程设计招标以及推行限额设计，应用价值工程优化设计和推广标准设计等。

①设计方案竞选与工程设计招标

工程项目设计阶段的重要步骤是优化工程项目设计方案，同时这也是控制工程整体造价的比较有效方法。论证拟采用的设计方案在技术上是否具备实施条件、在使用功能上是否满足实际需求、在经济上是否具有合理性、在使用上是否安全可靠等是工程项目设计方案优选的最主要目的。优化设计方案主的要措施是采用设计方案竞选和工程设计招标。

工程设计方案竞选是指由组织竞选活动的业主单位通过相关媒介发布竞选公告，吸引设计单位参加方案竞选，参加竞选的设计单位按照竞选文件和相关规范规定，做好方案设计和编制有关文件资料，经具有相应资格的注册工程师签字，并加盖规定的印章，在规定的日期内，送达组织竞选的业主单位。组织竞选的业主单位邀请有关专家组成评定小组，采用科学方法，按照经济、适用、美观、的原则，以及技术先进、结构合理、满足建筑节能和环境等要求，综合评定设计方案的优劣，择优确定中选方案，最后双方签订合同等一系列活动。

设计方案竞选主要有利于控制工程项目的总投资。因为一般达到中选标准的设计方案的投资估算都是控制在相关文件规定的投资范围内，能综合吸取多种达到中选标准设计方案的优点。又因为设计方案竞选完全不同于设计招标，所以可以吸取部分达到中选标准方案中的优点，最后以最终中选方案作为设计方案的基础，把其他方案的优点加以吸收，进一步完善设计方案。

工程设计招标是指业主单位或委托招标代理单位对计划建设工程的设计任务发布招标公告，以吸引相关设计单位参加投标，经业主单位或委托招标代理单位审查符合投标资格的工程设计单位按照招标文件的相关要求，在规定的时间内向业主单位或招标代理单位填报投标文件，业主单位从而择优确定中标设计单位来完成工程设计任务的一系列活动称之为工程设计招标。促使设计单位采用最优化的设计，采用先进工艺，降低整体工程造价，缩短项目实施工期，最终提高投资效益是工程设计招标的最主要目的。公开招标和邀请招标是工程设计比较常用的招标方式。进行工程设计招标有如下优点：有利于设计方案的最优化选择，确定最佳设计方案，达到优化设计方案之目的。有利于控制工程总投资，中标设计方案一般做出的投资估算能接近招标文件所规定的计划投资范围。

②采用限额设计

限额设计就是按业主单位最终批准的投资估算控制初步设计方案，按业主单位批准的初步设计总概算控制施工图阶段的设计工作。就是将上一个设计阶段审定的投资额以及工程量先行分解到各相关专业中去，然后再分解到整个工程中的各分部分项工程。各专业设计人员在保证使用功能的前提下，按分配的投资限额严格控制设计成果，严格控制技术设计和施工图设计的不合理变更，以保证总投资限额不被突破。影响工程项目设计的建设工程项目静态投资是限额设计的主要控制对象。

限额设计并不是一味单纯强调节约投资，其基本内涵是尊重科学，实事求是，精心设计和保证设计科学性。投资分解和工程量控制是实行限额设计的有效途径和主要方法。限额设计的前提是合理确定设计规模、设计标准、设计原则及合理确定有关概预算基础资料，通过限额控制设计，实现对投资限额的控制与管理，同时实现对设计规模、设计标准、工程数量与概预算等各方面的控制。设计阶段的投资控制说到底，就是编制出满足设计任务要求，其造价又受控于决策投资的设计文件。限额设计正是根据这一要求提出来的。所以限额设计实际上是建设项目投资控制系统中的一项关键措施。在整个的设计过程中，工程设计技术人员和工程设计经济管理人员密切配合，做到经济与技术的统一。技术人员在设计时考虑经济支出，作方案比较，优化设计。设计经济管理人员及时进行设计造价计算，作为技术人员提供信息，达到成本动态控制管理的目的。

实行设计限额有两个误区，第一个误区是设计单位按照批准的项目总投资进行费用分解，将所设计项目的造价水平去贴近批准的项目总投资。大量事实证明，传统的投资定额、设计依据、估算深度、决策者的知识和经验的局限性以及设计单位自身利益的影响，使限额设计与真正的优化设计有相当大的距离。缩短差距的措施：一是应对类似工程进行深入剖析，以解决价值过剩的问题，业主单位若能提供类似工程造价上的经验教训，将会使剖析更加有效；二是根据缩短这种差距的额度，业主应对设计单位实施激励政策和风险机制。第二个误区是设计保守，照抄老设计。实行限额设计，对设计单位而言，必须摆脱对传统设计的迷信与依赖，树立独立设计的思路；对业主单位来说，则应配备强有力的设计审查班子，加强设计审查并进行方案比选，这样才能得到最佳设计方案。促使设计单位积极实行限额设计的外因是项目业主与设计单位签订设计合同约束条款，既要有激励政策，还要有合理的索赔条款。

③应用价值工程优化设计

价值工程是指运用集体的智慧和通过有组织的活动，对产品进行功能分析，并以最低总成本来实现产品的必要功能，提高产品价值的一种科学的经济技术分析方法。用公式表示为：

$$V = F / C$$

公式中：V—价值因数，反映产品功能与费用的匹配程度，是评价产品经济效益的一种尺度；

F—功能因数；反映产品所具有的能够满足某种需要的属性；

C—成本因数，从根据用户提出的功能要求进行研究、生产到用户使用所花费的全部成本。

对同一工程项目的不同工程设计方案进行价值工程分析比较，所得到的 V 值越高，方案越优。在工程设计阶段应用价值工程分析比较能够在确保建筑产品功能不变或提高的前提下，优化工程设计，努力降低建设和生产成本，使工程设计更加符合业主的目标要求。根据有关资料分析，在工程设计阶段运用价值工程分析比较优化设计方案，可以降低建设成本 15% ~ 30%。

④推广标准设计

经中央和地方政府有关部门批准的建筑、结构等整套标准技术文件和设计图称为标准设计。各专业设计单位按照本专业需要自行编制的标准设计图称为通用设计。推广采用标准设计时在设计阶段有效控制和降低工程投资的方法之一。

2. 业主方在工程项目施工阶段的成本管理

（1）施工阶段成本管理的意义

工程项目施工阶段成本控制，是指对整个工程项目所涉及的费用进行的管理和控制。通常一个工程项目涉及的成本主要有设备费、材料费、人力资源费、施工管理费等，这些费用共同构成了工程项目成本的主体。其中，设备费、材料费、人力资源费三种通常被称为直接费用，施工管理费称为间接费用。工程项目总成本的四项费用，即项目决策成本、招投标费用成本、设计成本、项目施工成本之中，项目施工成本的费用是主要的，通常可达 90% 以上。因此，工程项目的成本控制从某种意义上说，实际就是工程项目施工的成本控制。成本控制除了确定成本的范围之外，最重要的是对整个项目的成本费用的使用进行管理，特别是在工程项目发生了变化时，对这种变化实施管理。因此成本控制还包括查找出偏差的原因。该过程必须同其他控制过程包括范围变更控制、进度计划控制、质量控制和其他控制等紧密地结合起来。例如，对成本偏差采取不适当的应对措施可能会引起质量或进度方面的问题，或引起项目在后期出现无法接受的风险。

（2）施工阶段成本管理的基础

进行工程项目成本控制的目标是实现成本计划，降低项目成本，把影响工程项目成本的各种成本费用控制在成本计划与标准之内，并尽可能地使消耗费用达到最小。这里降低项目成本主要是通过运用各种现代化管理方法，减少项目施工过程中的各种机会损失，从而减少人工费用、材料费、机械使用费和管理费等各种费用开支，降低工程项目的施工成本，以最小的投入得到产出，使项目获得最佳经济效益。研究项目成本控制的意义在于，它可以促进提高项目管理水平；促进相关企业不断挖掘潜力、降低成本，发现进行工程项目建设和成本控制的新方法和新技术；促进企业加强经济核算，提高经济效益。对于项目成本控制而言，其直接依据是费用预算计划、执行情况报告、变更申请、费用管理计划。

（3）施工阶段成本管理的工作内容

为了有效控制工程项目总投资，业主单位应在工程项目前期合理决策建设规模，采用技术经济可行、功能合理的设计方案，做到投资决策正确。在工程项目施工阶段做好相关工程价款结算管理工作，对发生的工程变更及时确定并合理调整价款。以下几个方面是施工阶段成本控制的主要内容。

①审核相关费用支出

通过对工程项目的层层划分，将工程项目划分至分部分项工程。业主单位应审查所有单项工程和分部分项工程的清单与单价，并按形象进度拟定拨款计划。

②做好预付款的工作

承包商为其所承包的工程项目采购相关建材和设备所需的流动资金，由业主单位以预付款的方式支付。承发包双方应当在施工承包合同中约定预付工程款的时间和数额，开工后按约定的时间和比例逐次扣回。

预付备料款的限额由主要材料（包括外购构件）占工程造价的比重、材料储备期和施工工期等因素所决定。

对于一般建设工程，备料款不应超过当年建筑工作量（包括水、电、暖）的30%；安装工程按年安装工作量的10%拨付；材料所占比重较大的安装工程，按年计划产值的15%左右拨付。具体备料款的数额，要根据工程类型、合同工期、承包方式和材料设备供应体制而定。

业主单位拨付给承包单位的备料款属于预支性质，在工程开工后，随着工程所需主要材料储备的逐步减少，应以抵充工程价款的方式陆续扣回。扣款的方法有以下几种：从未施工工程尚需的主要材料及构件的价值相当于备料款数额时起扣，从每次结算工程价款中，按材料比例扣抵工程价款，竣工前全部扣清；当承包单位完成金额累计达到合同总价的10%之后，由承包单位开始向业主还款，业主从每次应付给承包单位的金额中扣回工程预付款，业主单位至少在合同规定的完工期前三个月将工程预付款的总计金额按逐次分摊的办法扣回，当业主单位一次付给承包单位的余额少于规定扣回的金额时，其差额应转入下一次支付中作为债务结转。

在实际工作中，情况比较复杂。有些工程工期较短，就无须分期扣回。有些工程工期较长，入跨年度施工，预付备料款可以不扣或少扣，并于次年按应付备料款调整，多还少补。具体说，就是对于跨年度工程，如果预计次年承包工程价值大于或相当于当年承包工程价值时，可以不扣当年的预付备料款；如果小于当年承包工程价值时，应按实际承包工程价值进行调整，在当年扣回部分预付备料款，并将未扣回部分转入下一年，直至竣工年度，再按上述办法扣回。

③做好工程价款的结算工作

工程价款的结算是施工阶段投资控制的主要工作内容，它贯穿于施工的全过程。工程价款的结算，按结算费用的用途，可分为建筑安装工程价款的结算、设备与工器具购置款的结算及工程建设其他费用的结算。按结算方式，可分为按月结算、竣工后一次结算及按工程形象进度结算。工程价款的预付与结算支付，必须实行监理单位签证制度，以确保投资资金既不超付，又能满足施工进度的要求。

④做好工程项目施工阶段的相关设计变更管理

业主单位要做好项目实施阶段设计变更需注意以下几个问题。首先是业主单位应建立严格的工程变更审批制度，把成本控制在计划投资的范围之内。其次设计单位应仔细研究审核设计变更，并听取业主与监理单位以及施工单位对设计的修改意见。设计变更必须进行工程量及造价分析，并最终获得业主单位同意。如突破总概算，改变工程规模，增加工程投资费用在业主单位最终确定后，必须经有关建设主管部门审批。

（4）工程变更单价及工程量的确定

对于发生的工程变更主要由两种。一种是不需确定新的单价，采用按原投标单价，另一种需变更为新的单价。变更项目及数量超过合同规定的范围，变更的单价应由合同双方协商确定。合同价款的变更在双方协商的时间内，由施工单位提出变更价格，经监理单位批准后，调整合同价款和竣工日期。审核施工单位提出的变更价款是否合理，可考虑以下几个原则。双方签订的施工合同中有适用于变更工程项目的单价，按已有的合同单价计算变更合同金额。施工合同中只有类似工程变更情况的价格，可以此作为基础确定变更单价及变更总金额。合同中没有使用和类似的单价，由施工单位提出合理的单价，经监理单位审核后，最终报送业主单位批准。批准变更价格，应与承包单位达成一致，否则应通过工程造价管理部门裁定。经双方协商同意的工程变更，应有书面材料，并由双方正式委托的代表签字；涉及设计变更的，还必须有设计部门的代表签字，均作为以后进行工程价款结算的依据。

（5）做好工程价款调整的控制工作

在施工过程中，常因工程变更及材料、劳动力、设备价格变动等因素，造成工程价款的增加。工程变更主要包括施工条件变更和设计变更，同时也包括因合同条件、技术规程、施工顺序与进度安排等的变化引起的变更。对于工程价款的调整，应按合同规定的有关方法进行。业主单位与监理单位在施工阶段的成本控制应贯穿于整个项目施工过程。应预测工程风险及可能发生工程变更各种因素并采取防范措施，如按合同要求及时提供施工场地、设计图纸及材料与设备，减少工程变更的发生，通过经济分析确定投资控制的重点。业主单位在施工过程中做好各相关单位的协调工作，严格审核工程变更并严格执行监理单位签证制度，按施工合同规定及时向施工单位支付工程款。业主单位还应审核施工单位提交的工程结算书，对超支费用进行分析，并采取相应控制措施。

第四节　业主方工程项目的进度管理

一、工程项目进度管理的地位和作用

进度管理是保证工程项目按照计划完成并节约工程项目成本的重要管理措施，是工程项目中的重点控制内容之一。工程项目进度控制管理的地位和作用主要可表现为以下几个方面。

（一）进度管理是工程项目管理中的一项重要内容

应首先确定项目实施阶段所需时间以及最终工期目标和编制切实可行的进度计划，工期目标是工程项目的完工期。进度一旦拖延，要保证整体的计划工期，后续的一系列工作就得压缩，工程项目建设费用就要增加。要编制一个合理的进度计划，更重要的是在进度计划实施过程中通过对各阶段的工程进度进行动态检查、综合分析和及时采取相关措施来保证工程项目按照计划完工。

（二）确保工程项目的既定目标工期实现是工程项目进度控制的总目标

工程项目进度管理是指在计划工期内，编制出最合理的进度计划，在工程项目的实施阶段要经常检查工程项目实际进度并与计划的进度进行较，如果出现较大的偏差，应分析影响因素产生的原因和对工期的影响程度大小，采取必要的调整措施，调整进度计划，在工程的实施阶段不断地循环，直到工程竣工验收。成本、进度、质量是相互影响的。在进度和成本之间，实施进度越快，完成的工程量越多，则单位工程量的成本消耗越低。但过度加快实施进度，容易增加工程成本。在进度与质量之间，因为进度紧张，需要加速施工，这样工程质量就容易受到影响。制定一个合理的进度计划，对保证工程项目的成本、进度和质量有直接的影响，是全面协调好成本、进度、质量三方关系的一个比较关键的环节。

（三）进度管理是监督保证项目完工的重要手段

业主单位应按进度计划及时提供施工图纸、支付工程费用，施工单位则应按照工期计划组织施工，按合同规定的日期完成承包商的施工进度。

二、工程项目进度管理的原理

建设工程项目的进度受许多因素的影响，项目管理者实现对影响进度的各种因素进行调整，预测其对进度可能产生的影响，编制可行的进度计划，直到工程项目按计划实施。在执行过程中，不断进行检查，找出偏离计划的主要原因后并采取相关措施。确定措施的前提首先是通过采取相关措施，保证按原进度计划正常实施。其次是采取相关措施后不能按原进度计划执行，需要对原进度计划进一步修改。这样不断地计划、执行、检查、分析、调整计划的动态循环过程，就是进度管理。

三、影响工程项目进度管理的因素分析

要想做到对工程进度的主动控制，就要分析相关影响进度的相关因素。下面列举一下问题产生的原因。

（一）业主单位的原因

包括延误向相关建设主管部门办理相关建设规划核准备案、质量监督申请手续。无法及时向施工单位提供施工场地，没有提供施工通道。不能向施工场地及时提供施工用水、用电、通信需求。未能及时办理临时占道、施工占地手续。业主单位组织、管理、协调能力不足，工程组织不利，致使施工总包单位、分包单位、建设材料供及设备应单位等在配合上出现矛盾，出现的问题不能及时解决，无法按照正常的进度计划进行施工。施工各阶

段的验收组织不及时。工程项目建设资金不足，不能按合同约定支付合同款。

（二）设计单位的原因

包括为项目设计配置的设计人员能力不足，各专业设计人员之间缺乏协调配合，没有一个总体的规划协调，致使各专业设计的施工图纸之间出现设计矛盾。没有完整的设计质量管理体系，图纸存在较多错误，在施工阶段导致设计变更大量增加。与各专业设备设计单位协调配合工作不及时和到位，造成施工图纸不配套，最终造成边施工、边修改的局面。

（三）施工的原因

包括施工组织设计不合理、施工进度计划不合理、采用施工方案不得当。施工工序安排不合理，不能解决工序之间在时间上的先后和搭接问题，以达到保证质量、充分利用空间、争取时间，实现合理安排工期的目的。不能根据施工现场情况及时调配劳动力和施工机具。施工总包单位协调各分包单位能力不足，相互配合工作不及时、不到位。

（四）其他方面的原因

包括恶劣天气、地震、火灾、临时停水，停电、交通管制、重大政治活动、社会活动等。

四、业主方在工程项目实施阶段的进度管理

（一）业主方在工程项目各阶段的进度管理

1. 工程项目设计进度控制的意义

（1）工程项目设计进度控制是工程项目进度控制的主要内容

工程项目进度控制的目标是工程项目建设的工期。工程项目设计作为工程项目实施过程的一个重要环节，其设计周期也是工程项目建设工期的组成部分。为了实现工程项目进度总目标，必须对工程项目设计进度进行控制。工程设计涉及众多因素，必须满足使用要求，同时也要讲究经济、美观，并考虑实施的可行性。工程项目设计本身是各相关专业协作的产物。为了对诸多复杂问题进行综合性考虑，工程项目设计往往需要经过多次反复敲定才能定案。通过确定合理的工程项目设计周期，控制工程项目设计进度，使工程项目设计的质量得到保证，对工程项目的实施工作有着很重要的意义。

（2）工程项目设计进度控制是施工进度控制的前提条件

工程项目建设必须先有设计图纸，然后才能按照施工图纸施工。只有及时提供施工图纸，才能达到要求的施工进度。在实际工作中，由于工程项目设计进度拖延和设计变更较多，使施工进度受到影响的情况时有发生。为了保证施工进度不受影响，应加强工程项目设计进度控制。

（3）工程项目设计进度控制是设备和材料供应进度控制的前提

工程项目建设所需的设备、材料采购的依据，是由设计单位根据工程设计提出的设备、

材料清单。只有控制工程项目设计工作的进度，才能保证设备和材料的供货进度，进而保证施工进度。

2. 工程项目设计进度控制的目标和重点

工程项目设计进度控制的最终目标是按照相关的质量、数量、时间要求提供施工图设计文件。在这个总目标下控制工程项目设计进度还应有阶段性目标和专业目标。在设计准备、初步设计、技术设计、施工图设计等阶段都应有明确的进度控制目标。

（1）设计准备工作进度目标

首先，确定相关的规划设计条件。规划设计条件是指在由规划建设管理部门根据国家有关规定，从城市总体规划的角度出发，对拟建项目在规划方面所提出的要求。规划设计条件由业主单位提出申请，规划管理部门提出规划设计条件征询意见表，了解有关部门承担水、电、气、交通配套建设的能力，必要时需由业主单位与有关单位签订配套项目协议。最后由规划部门发出规划设计条件通知书予以确认。其次，提供设计基础资料。业主单位必须向设计单位提供完整、可靠的工程设计基础资料，它是设计单位进行工程设计的重要依据。设计资料一般包括下列内容，经批准的可行性研究报告，规划设计条件通知书和地形图，业主与有关部门签订的有关协议，环境保护部门批准的环境影响审批表；对建筑物的相关要求，各类设备的选型、生产厂家及设备构造安装图，建筑物装饰标准以其他要求。

（2）初步设计、技术设计进度目标

为了确保工程项目建设进度总目标的实现，应根据工程项目的具体情况，确定合理的初步设计和技术设计周期，除了要考虑设计工作本身及进行设计分析和评审时间外，还应考虑设计文件的报批时间。

（3）施工图设计进度目标

施工图设计是工程设计的最后一个阶段，其工作进度将直接影响建设工程项目的施工进度，影响工程建设进度总目标的实现。必须确定合理的施工图设计交付时间目标，为工程施工的正常进行创造良好的条件。

（4）设计进度控制分目标

为了有效地控制工程项目的设计进度，可把工程项目设计进度目标具体分解为各阶段设计进度分目标。如把初步设计进度目标分解为方案设计进度控制目标和初步设计进度控制目标；把施工图设计进度控制目标分解为建筑设计进度控制目标、结构设计进度控制目标、装修设计进度控制目标及设备安装设计进度控制目标等。这样，设计进度控制目标便构成了一个从总目标到分目标的完整的目标体系。

（5）工程设计进度的协调与管理措施

①协调设计部门和专业的工作

一般大中型项目往往由若干个单项工程组成，可能还有多个设计单位参与设计，一个单项工程的设计文件又由若干个专业构成。因此做好各设计单位、各专业之间的协调工作是保证设计任务顺利完成的重要条件。设计的组织和协调工作应根据设计的进展情况通过定期召开设计协调会议来完成。在协调会议上明确分工，落实任务，确定重大设计原则，统一设计标准，研究控制措施，明确各专业提出互相配合要求的深度及时间，进行各专业之间的进度协调。

②加强与外部的协调工作

配合工程设计进度，提供基础资料，协调工程设计与有关主管部门的关系，主要是协调与规划、消防、环保、电力、给水、热力、通信、燃气、和交通等部门的关系。

③协调设计与设备供应商的关系

目前国内工程设计单位大多不做设备设计，设备制造商又不能做工程设计，工程设计和设备设计分开进行，两者之间要相互提供资料，所以，业主单位要主动进行协调。

（二）业主方在工程项目施工阶段的进度管理

在工程项目的实施工程中，业主单位除应向施工单位下达相关指示、审核与批准相关变更申请与签认证明、提供施工图纸等，还应对施工的总体进度状况实施全过程监控。

1. 及时掌握施工进度

定期组织工程例会，要求施工单位汇报实际的进度进展情况，特别是关键施工线路及节点的完成情况，及时掌握施工实际进度，下达有关进度的抉择。对涉及影响进度计划的重大问题及时组织各方参加协调进度会，采取相关措施解决。

2. 按时支付工程款

业主应根据施工合同中相关条款预定的内容，对监理单位已确认完成的工程量，按其相应单价和取费标准及时支付工程款，如不能按相关合同及时支付工程款，施工单位在发出要求支付工程款的通知五天后，有权暂停施工，并由业主单位承担违约责任。

3. 工期拖延的控制决策

业主单位应监督施工单位按计划的施工进度组织施工，定期检查施工计划的实际执行情况，采取相关措施及时调整工程整体进度计划，避免和减少工期延误。并命令监理单位做好对施工单位的日常进度监控工作。

4. 控制工程变更

业主单位对于在施工中因为相关因素所出现的工程变化，应及时根据施工单位的申请，进行核准后，依据合同文件批准工期拖延天数所增加的相应费用。对于合同范围内的工程变更，可随时指令承包商必须执行，并核准工程延期及相应的经济补偿。

对于合同范围外的工程变更，如果是工程量或款额超过一定界限，可根据对原工程量清单中规定工程量的变更限制，适当调整合同单价及批准工期拖延。而对于发生根本性变化的工程变更，如由于工程性质、结构类型、工程规模及数量变化引起的，可分两种情况考虑。一种情况是虽超出合同范围，但仍属工程范围内，可通过下达变更指令向施工承包单位明确新增工作项目，并作为结算依据；另一种情况是超出合同范围以外的新增工程，业主单位应与承包商协商，既可签订新的协议，也可以发出变更指令按原合同条件完成。但无论采用哪种方式，均需协商确定单价或总价，以及相应的工期。

业主单位应尽可能减少或避免施工建设过程中的工程变更以保证工程顺利进行，如果需要发生工程变更，应在施工单位进行施工前提出，以避免返工浪费带来的工程延期。

第五节　工程项目业主方的质量管理

一、工程项目质量管理的相关概念

（一）质量管理与质量控制

1. 质量管理

质量管理是指确立与明确质量方针以及实施质量方针的全部职能及相关工作内容，并对其工作实施效果进行评价与改进的一系列相关工作。按照质量管理的相关概念，相关组织必须通过建立相关质量管理体系来进行质量管理的实施。其中质量方针是组织管理者的价值观、经营理念、质量宗旨等的反映。在质量方针的指导下，通过组织的质量管理手册、程序性管理文件、质量记录的制定，并通过组织制度的落实，相关管理人员配置与资源配置、质量活动的与权限界定和职责分工等，形成组织的质量管理体系运行机制。

2. 质量控制

质量控制工作是质量管理工作的一部分内容，致力于满足相关质量管理要求的一系列相关活动。由于工程项目的质量目标主要是由业主单位提出的，即工程项目的质量总目标，是业主单位的建设意图通过项目策划，包括项目的定义与规模大小、系统的相关构成、使用功能以及价值、规格标准等的定位与策划和目标决策来确定的。因此工程项目质量控制管理，在设计、招投标、施工、竣工验收等各个阶段，相关项目参与单位均应围绕着致力于满足业主单位要求的质量总目标而开展工作。

质量控制管理工作所致力的相关活动，包括技术活动与管理活动。产品或者服务质量的产生，是在技术过程中直接形成的。因此，正确选择作业技术方法的和充分发挥作业技术能力，这就是质量控制管理的治理重点，包括技术与管理两个方面。组织或人员具备相关的技术能力，只是生产出合格产品或提供优秀服务质量的前提条件，在社会化大生产的条件下，只有通过科学的管理工作，对技术活动过程进行组织及协调，才能充分发挥技术能力，实现期望的质量管理目标。

质量控制工作是质量管理工作的一部分。两者的区别在于职责范围不同、作用不同、概念不同。质量控制工作是在明确的质量管理目标与质量管理具体的条件下，通过计划、实施、检查和监督行动方案与相关资源配置，进行质量管理目标的预先控制管理、实施阶段控制管理与完成后阶段纠偏控制管理，实现预期质量管理目标的系统过程。

（1）质量管理目标的预先控制管理

质量预先管理就是要提前进行相关质量控制管理计划，主要涉及质量管理策划、设置相关的管理岗位、制定相关的管理体系等。把相关质量的技术活动与管理活动建立在有完善的保障条件和良好的运行机制的基础上。对于工程项目实施阶段的质量预控管理工作，就是通过工程项目实施阶段的质量管理计划的制定过程，通过运用目标管理的手段，实施工程项目质量的预先控制管理或称为质量管理的计划预先控制工作。

质量预先控制管理应发挥整个工程项目管理组织在技术方面和管理方面的整体优势，把先进管理方法应用于工程项目建设。质量预控管理要求详细地分析针对质量控制对象的控制目标与相关活动条件以及相关影响因素等，制定相关的管理控制措施和相关对策等。

（2）质量管理目标的实施阶段控制管理

实施阶段质量控制管理是指质量活动主体自行控制质量和相关监控单位的控制质量。首要进行的是质量活动主体的自行控制，即实施者在实施过程中自行约束相关质量活动行为及最大限度发挥技术能力。相关监控单位的监控是指实施者相关质量活动的过程与结果，接受来自实施方内部管理者与有关方面的检验监督，如相关政府质量检验监督部门与工程项目监理单位等的监控。确保程序质量合格，杜绝相关质量事故发生是实施阶段的质量控制管理目标。要想最根本增强质量管理意识就应充分发挥质量活动主体自我约束与自我控制以及坚持相关质量标准，其他相关单位的监控是必要的补充。创造一种过程管理控制的机制与活力是有效进行过程质量控制管理基础。

（3）质量管理目标的完成后阶段纠偏控制管理

完成后阶段质量纠偏控制管理主要作用是杜绝与防止不合格的工序流入后续工序。完成后阶段质量控制管理的主要任务就是评定与认证质量管理活动的结果，纠正工序质量的相关偏差；整改与处理不合格的产品。要想实现质量预期管理目标就要详细和周密地考虑计划预控管理过程的相关方案，提高实施阶段自主控制管理能力同时加大检验监督控力度。但要达到各项作业活动一次完成的管理水平是相当不容易的，即使坚持不懈的努力，也还可能有个别工序或分部分项施工质量出现偏差，这是因为在实施过程中难免会因为系统因素和偶然因素影响的存在。工程项目质量的实施后阶段控制管理，主要体现在项目实施质量验收各个环节的管理控制方面。

（二）工程项目质量特点及目标

1. 工程项目质量特点

（1）质量的形成过程比较复杂

工程项目的实施过程就是质量的形成过程，因而工程项目决策阶段、工程设计阶段、

施工阶段和竣工验收阶段的相关工作对质量形成都起着十分重要影响作用。

（2）影响质量的因素较多

由于工程项目建设周期较长同时周边环境复杂容易受到水文地质条件、工程勘察设计、建筑材料及相关设备、施工技术与施工管理水平、工人操作水平等因素的影响。

（3）工程项目质量水平波动性大

由于周边影响因素较多同时条件多变，使其在实施过程中的质量控制工作较困难，相关活动容易受到各种不确定因素影响，很容易使工程项目质量水平产生波动。

（4）影响工程项目质量隐患较多。

在工程项目的实施过程中，由于交叉作业和隐蔽施工工程较多，要想保证最终的质量，只有严格控制中间过程的实施质量。

（5）工程项目质量等级评定难度较大。

工程项目整体竣工后只能看其表面，较难正确判断质量好坏，不能像其他工业产品那样能随意拆卸开来检查其内在的质量。因此工程项目质量等级评定和检查只有贯穿于工程项目实施的整个过程才能杜绝产生质量隐患。

2. 工程项目质量目标

工程项目质量控制目标是由实施质量、工序质量和产品质量三者所构成。为实现质量控制目标，必须对以上三个控制目标进行进一步分解。

（1）实施质量控制目标

实施质量是指参与工程项目实施过程的全体人员，为了保证工程项目质量所表现出来的相应管理与技术水准。故该项质量控制目标可以分解为管理工作质量、政治工作质量、技术工作质量和后勤工作质量四项。

（2）工序质量控制目标

工程项目实施过程都是通过一步步工序来完成的，每步工序的质量，必须具有满足下一步工序相应要求的质量标准，工序的质量必然决定最终质量。故该项质量控制目标可分解为参与人员、技术方法和环境、相关材料与机械设备等。

（3）产品质量控制目标

产品质量是指产品必须具有满足相应设计和规范要求的属性。故该项质量控制目标可分解为生产与安全可靠性、经济适用性等。实施质量决定了工序质量，工序质量决定了最终产品的质量。因此必须通过提高实施过程中的质量来提高工序的质量，从而达到期望的最终产品质量。

（三）质量管理的 PDCA 循环

在长期地科学研究与生产实践过程中形成的 PDCA（计划 P = Plan，实施 D = Do，检查 C = Check，处置 A = Action）循环，是确立质量管理体系的基本原理。从实践的角度看，管理工作就是确定任务目标，并按照 PDCA 循环原理来实现期望的目标。每一循环都围绕着实现期望的目标来进行计划、实施、检查和处置等活动，随着解决和改进对存在问题，不断提高质量水平。质量管理的整个系统过程是由一个循环的四大职能活动相互联系所构成的。

1. 计划

质量管理工作的计划，包括确定与明确质量目标以及制定实现预定质量管理目标的实施方案两个方面。保证工作实施质量、产品质量和服务质量的前提条件是质量计划的详细、经济合理与切实可行。工程项目的质量计划管理体系是由相关参与者根据其在工作实施过程中所承担的任务与责任范围和质量目标，分别进行相关质量计划而形成的。其中业主单位的工程项目质量计划，包括确定工程项目总体的质量目标，提出工程项目质量管理的组织、制度、程序、方法及要求。工程项目其他参与者在明确与确定各自质量目标的基础上根据相关责任，制定与实施相应职责范围内质量管理的行动方案，主要有管理方案、工程技术方法、操作业务流程、相关资源配置、检验监督与试验要求、质量控制过程记录方式、不合格项纠偏处理措施、其他相关管理措施等具体内容和做法的质量管理文件，同时还应对其实现预期目标的是否可行、有效、经济合理等进行分析，并按照规定的程序，经过最终审批后执行。

2. 实施

实施职能是将质量的目标，通过投入相关要素、技术活动与实施过程，转换为质量的实际实施成果。为保证工程质量的实施过程能够达到期望的结果，应根据质量管理计划进行实施方案的交底以便使具体的管理者和实施者明确计划的意图和掌握质量标准与实现的措施。在质量活动的相关实施中，则要求严格执行计划，规范行为，把质量管理计划的各项规定和安排落实到具体的资源配置和技术活动中去。

3. 检查

检查是指对计划实施过程进行各种检查工作，包括实施者的自检、互检和专业管理者的检查。检查包含两个方面，首先是检查是否执行了相关计划实施方案，实际相关条件与计划相比是否发生了变化，计划没有执行的原因。其次是检查计划执行的结果，质量是否达到了相关标准的要求，对质量进行评价和确认。

4. 处置

应及时对质量监督检查过程中所发现的问题进行分析并采取必要的措施予以纠正，保持质量形成过程处于受控状态。相关质量处置措施分纠偏和预防改进两个方面。前者是采取应急措施，解决遇到的质量偏差与问题。后者是分析当前质量状况，并向主管部门反馈，总结计划内容和产生的问题，确定今后改进目标和计划采取的措施，为今后类似的质量问题提供参考依据。

（四）TQC（全面质量管理）的思想

TQC（Total Quality Control，全面质量管理），是 20 世纪 50 年代在欧美广泛应用的质量管理理念及方法，我国从 20 世纪 80 年代开始引进与推广 TQC。基本原理就是强调在组织的最高管理者质量方针的指引下，实行全方位、整体实施过程和全体人员参与的质量管理。TQC 的主要特点是最高管理者参与质量方针与质量目标的制定；提倡预防为主、科学管理、用数据为依据等。在当今国际标准化组织颁布的质量管理体系标准中，都体现了这些重要的思想。工程项目的质量管理，应贯彻如下的管理思想与方法。

1. 全方位质量管理

工程项目的全方位质量管理，是指工程项目各相关参与者进行的工程项目质量管理的总成，其中包括工程质量和实施质量的全方位管理。实施质量是成品质量的保证并直接影响着工程质量的形成。业主单位、监理单位、设计单位、材料设备供应单位等，因为其中任何一方的质量责任不到位都会对整个工程项目质量产生重大影响。

2. 实施过程整体质量管理

实施过程整体质量管理是指根据工程质量的形成规律实行实施过程整体推进。应掌握划分实施阶段和应用相关管理方法进行实施过程整体质量控制。主要有如下过程阶段：工程项目前期策划与工程项目决策阶段、工程项目设计阶段、相关招标与采购阶段、工程项目实施准备阶段、检测设备控制与计量阶段、施工生产检验试验阶段、工程项目质量评定阶段、工程项目竣工验收与交付使用阶段、工程项目维修阶段等。

3. 全体相关人员参与质量管理

按照全面质量管理的思想，组织内部的工作岗位都承担有相应的质量管理职能，组织中的最高管理者确定了质量总的方针和目标，就应组织全体相关人员参与实施质量管理活动，发挥各自的作用。运用目标管理方法是开展全体人员参与质量管理工作的重要手段，将组织的质量管理总目标逐步进行分解，形成自上而下的质量目标分解体系和自上而下的质量目标保证体系。发挥组织系统内部每个工作岗位在实现质量总目标过程中的作用。

二、工程项目质量的影响因素

工程项目质量的影响因素，主要是指在工程项目质量管理的目标策划、决策和实现过程的各种客观因素和主管因素，包括人的因素、技术相关因素、管理相关因素、环境相关因素和社会相关因素等。

（一）人的因素

人的因素对工程项目质量形成的影响包括两个方面的含义：一是指直接承担工程项目质量职能的决策者、管理者和作业者个人的质量一是及质量活动能力；二是指承担建设工程项目策划、决策以及实施的业主单位、设计单位、咨询服务机构、工程项目承包商等组织。前者是个体的人，后者是群体的人。我国实行建设行业企业经营资质管理制度、市场准入制度、职业资格注册制度、作业及管理人员持证上岗制度等，这些都是对从事建设工程活动的人的素质和能力进行必要的控制。此外《建筑法》和《建设工程质量管理条例》还对建设工程的质量责任制度做出明确规定，如规定按资质等级承包工程任务，不得挂靠，不得转包，严禁无证设计、无证施工等，从根本上说也是为了防止人的资质或资格失控而导致总体质量能力的失控。

（二）技术因素

影响工程项目质量的技术相关因素主要包括工程技术和生产技术因素，前者如工程勘察技术、工程设计技术、工程施工技术、工程设备技术、工程建材技术等，后者如工程检测、检验、试验、分析技术等。工程技术的先进性程度取决于国家实际的经济发展和科技水平，取决于相关行业的科技进步与技术进步。对于具体的工程项目，主要是通过组织与管理技术工作，优化各种工程技术方案，发挥技术因素对质量的保证作用。

（三）管理因素

影响质量的相关管理因素，主要是决策因素和管理组织因素。其中，决策因素首先是业主单位前期的决策，其次是在实施过程中采取的各项经济管理和相关技术决策。没有经过项目可行性研究，盲目建设，建成后不能投入生产以及投入使用后所形成的没有发挥应有功能的工程项目，浪费了社会资源，偏离了质量的实用性特征，缺乏质量经济性考虑的决策，也将对工程质量产生不利的影响。

工程项目实施的管理与任务组织构成了管理因素中的组织因素。管理的组织结构和制定的相关管理制度及其实施机制，三方面联系构成了特定的组织管理模式。各项管理职能的运转实施情况，影响着工程项目最终目标的实现。对工程项目实施的任务与目标进行分解并进行发包和委托以及还有对实施任务进行的计划、实施、协调管理、检查检验和监督等相关工作是任务组织的主要内容。从质量控制的角度看，管理组织系统是否健全和组织方式是否科学合理，将对质量目标控制产生重要的影响。

（四）环境相关因素

一个项目的前期策划与决策立项和最终实施，受到经济因素、政治因素、社会因素、技术因素等多方面的综合影响，是进行可行性研究分析和风险预控管理所必须考虑的因素。对于相关质量控制来说，影响工程项目质量的环境因素，一般是指工程项目所在地点的水文地质和气象等自然环境因素、施工现场的整体劳动作业环境以及由多单位与多专业协同施工所产生的管理组织协调方式与质量控制系统等构成的管理环境。保证工程项目质量的重要工作环节是认识与把握这些环境影响因素。

（五）社会因素

影响工程项目质量的社会相关因素，主要表现在相关法律法规的健全程度和相关法律法规的执法力度，业主单位的管理与经营理念，建筑市场的成熟程度及交易行为的规范程度，政府的工程质量监督管理成熟度，相关建设咨询服务业的发展及其服务水平的提高等。作为工程项目的管理者，不仅要系统思考以上各种因素对工程项目质量形成的影响及其规律，而且要分清对于工程项目质量控制管理工作，哪些是可控因素，哪些属于不可控因素。显而易见的可以看出，人、技术、管理和环境因素，相对工程项目来说是可以控制的因素。对于工程项目管理者来说，社会因素由于存在于建工程项目系统之外，所以属于不可控因素，尽管如此也应该通过自身的努力，尽可能做到扬长避短。

三、业主方在工程项目实施阶段的质量管理

（一）业主方在工程项目设计阶段的质量管理

1. 工程项目设计管理的目标

工程项目设计管理的目标主要有四点。首先，应当从工程项目业主单位的利益出发，根据工程项目的功能以及相关建设条件，对工程项目方案和工程项目投资做出既要符合业主单位自身利益要求，又要符合相关法律、法规和政策的规定，为工程项目实施创造条件，以求取得投资效益最大化；其次，需要确保工程项目工程设计质量和设计文件质量；再次，确保工程设计进度符合工程项目建设总工期和施工进度的要求；最后需要尽可能地控制和降低工程项目总投资。

2. 工程项目设计质量控制的意义

设计任务书是进行工程项目设计质量控制、工程项目质量控制和工程项目投资控制最重要的依据之一，工程项目设计质量不但决定了工程项目的最终完工后的质量水准而且决定了工程项目整体实施阶段的费用水平，在主流的工程项目建设中，要求设计图纸中提供的相关信息内容越来越多，工程项目设计中的任何误差与失误都会在工程项目的具体的计划阶段、实施阶段、使用阶段中扩展与放大，引起更多、更大的失误。所以，业主单位应在工程项目设计阶段管理工作上投入更多经理，严格控制设计成果质量，对出现的问题及早进行协调，以免对后续的实施工作造成影响。

3. 工程设计质量控制

工程项目设计质量控制的相关工作主要包括了两个方面，一是工程项目的质量标准，例如采用的相关技术标准、设计使用年限、工程项目规模、达到的生产能力。它是工程设计的工作对象。二是工程项目设计工作质量，即工程项目设计成果的正确性、各相关专业工程设计的协调性、工程项目设计文件的完备性以及工程项目设计文件清晰、易于理解、直观明了，符合规定的详细程度和工程项目设计成果数量。

工程质量管理目标的确定是由业主单位确定工程项目总功能目标和总质量标准。即业主单位和相关项目管理者通过市场需求分析、产品价格和工艺综合考虑，确定工程项目应达到的功能目标和效益目标，提出建设规模、市场目标、产品方案、生产工艺技术以及效益目标等工程设计质量目标。这是业主单位市场战略和技术战略的一部分。

　　业主单位和相关项目管理者应具体提出对工程项目的空间、位置、功能、定位的要求。使用功能与建筑物协调，并共同纳入目标系统中，与边检条件、时间（工期和运行期）等一并优化，提出具体的工程要求、技术与安全说明等，最终形成工程质量管理文本。

　　详细技术设计工作。工程项目关于质量管理的定义，只有通过详细技术设计使之具体化、详细化。在现代工程项目设计中，各部分设计的专业设计都有相应的技术规范，这些规范作为通用规范是设计的基本依据。由于通用规范经常有标准的生产工艺、标准的成品（半成品），供应商、承包商都熟悉，所以能降低施工和供应的费用。但是，按照工程特点、环境特点还是必须进行工程的特殊技术设计，做出设计图纸和特殊或者专用规范，以及各方面详细的工程技术说明文件。

　　影响设计质量标准的重要因素之一是投资限额及其分配。建设工程项目批准后，人们常常将批准的投资总额，按各个子项功能（各个建筑或各个工程子项目）进行切块分解，作为各部分设计控制的依据。建设工程项目总体以及各部分的工程质量标准及时由这个投资分解控制敲定。

　　4. 工程设计质量管理及其质量控制工作的实施

　　（1）分阶段进行设计工作

　　工程设计工作是分不同的阶段实施的，各个阶段的设计成果及设计文件都应经过相关的政府主管部门审批，作为进行下一步设计工作的依据，这是一个重要的控制手段。相应的阶段设计成果应通过审批后，再进行更深入的设计，否则无效。

　　（2）设计审查

　　由于设计工作的特殊性，对一些大型复杂工程，业主单位和相关项目管理者常常不具备相关的专业知识和专业技能，通常可委托专业机构咨询，对设计进度和质量以及设计成果进行审查，这是十分有效的控制手段。

　　（3）采用多方案论证

　　运用设计招标，对多家投标方案进行比较，在选择好的设计单位的同时选择一个好的设计方案。同时采取相关措施，要求设计单位进行多方案比选和优化设计方案。对某些技术复杂的工程设计，应请科研设计单位进行多方案比选和设计方案优化。对某些技术复杂的工程项目设计，应请科研单位专门对方案进行试验与研究，进行全面经济金属分析，最后选择优化的方案。再就是对设计工作质量进行检查，在设计阶段发现问题和错误，这是一项十分细致的、技术性很强的工作。

（4）检查设计文件的完备性

设计文件应包括说明工程项目的各种文件，与各种专业设计图纸、规范以及相应的概预算文件，设备清单和工程的各种经济技术指标说明，以及设计依据的说明文件、边界条件的说明等，设计文件应能够为施工单位和各个层次的管理人员所理解。从宏观到微观，分析设计构思、设计工作、设计文件的正确性、全面性、安全性，识别系统错误和薄弱环节。分析工程设计付诸实施和工程建成后能否安全、高效、稳定、经济地运行，是否美观，能否与环境协调一致。

（5）对设计工作的评价

包括工程功能组合的科学性，数量和质量是否符合工程项目的定义。设计应符合相关标准和规范要求，特别是必须符合强制性标准和规范要求，如防火、安全、环保、抗震的标准，以及某些质量标准、卫生标准。设计工作的检查不仅由业主单位、相关项目管理者、咨询单位参与，如有必要的可能应让施工单位、设备制造厂家和将来生产运营或使用单位参加相关的设计会审。需要注意的是，在实际工作中经常发生如下问题，技术设计没有考虑到施工的可能性、便捷性和安全性。设计中未考虑将来运行中的维修、设备更换、保养的方便。设计中未考虑运营的安全、方便和运行费用的高低。

（二）业主方在工程项目施工阶段的质量管理

在施工过程中，业主单位和监理工程师要对施工过程进行全过程、全方位的监督、检查与控制，它不是对最终工程项目的检查、验收，而是对生产中各环节或中间产品进行监督、检查与验收。工程项目施工阶段控制主要有以下内容：

1. 施工准备阶段的质量控制

（1）施工准备阶段工作的质量控制

主要包括审查施工组织设计与专项施工方案，审查监理工作规划，业主单位组织设计单位进行技术交底，组织施工单位与监理单位审查施工图等。

（2）现场准备工作的质量控制

主要包括检查施工通道布置与质量及施工场地平整度是否满足进行施工的质量要求，监督施工单位关于工程坐标测量数据及高程控制点与水准点的设置是否满足施工要求，施工现场的供水、供电、通信等的供应质量是否满足施工的相关要求。

（3）建筑材料的质量控制

主要包括建筑材料设备供应是否能及时供应保证施工的顺利进行，所供应的建筑材料与相关设备的质量是否符合国家有关的法规、标准及相关采购合同规定的质量要求，采购的设备应具有详细的使用说明，进场的建筑材料应经过相关单位严格的检查验收做到合格证、化验单与材料实际质量相符。

2. 施工管理过程中的质量控制

监理单位在工程项目施工过程中进行质量监控工作主要包括对施工单位的日常质量控制工作进行监督控制，做好施工过程中的质量跟踪监控工作，做好相关施工过程资料的管理工作，整理和补充相关施工档案。

3. 工程变更监控

在工程项目施工过程所产生的工程变更或图纸修改，都应通过业主单位与监理单位审查并组织相关单位进行研究，在确认其实施的必要性后，由监理工程师签发相关指令方能生效并予以实施。

4. 施工过程中的检查验收

一是完成分部分项工程的检查、验收。对于完成的分部分项工程，应先由承包商按规定进行自检，自检合格后向监理工程师提交《质量验收通知单》，监理工程师收到通知单后，应在合同规定的时间内及时对其质量进行检查，在确认其质量合格并签发质量验收合格单后，方可进行下道工序的施工。二是旁站或平行检验。对于重要的工程部位、工序和专业工程，监理工程师对施工单位和施工质量状况以及重要的材料、半成品的使用等未能确认的，还需由监理工程师进行现场旁站或亲自进行试验或技术复核。例如在公路路面摊铺现场测定沥青的温度，在路基或填土压实的现场抽取试样检验等。

5. 处理已发生的质量问题或质量事故

对施工过程中出现的质量缺陷，监理单位应及时下达通知，要求施工总承包单位整改，并检查整改成果是否整改，并向业主单位汇报相应情况。

6. 下达停工令

当发现在施工工程中产生了重大质量缺陷或存在重大质量隐患，已经造成质量是事故或者可能造成质量事故时，监理单位有权下达工程停工令，要求施工单位停止施工对存在的相关质量问题进行整改。施工单位整改相关质量问题完毕并经监理单位复查，在整改质量符合相关技术要求要求后，监理单位应及时签署工程复工报审表。监理单位下达停工令和签署工程复工报审表，应事先向业主单位汇报相关情况。对需要返工处理的质量问题，监理单位应责令施工单位报送质量事故调查报告以及业主单位、设计等相关单位认可的处理方案，同时监理单位应对质量问的处理过程与结果进行全过程的跟踪检查和验收。

7. 对施工过程中所形成实体的质量控制

对施工过程中所形成建筑实体的质量控制，主要是围绕着验收与质量评估进行的。主要包括以下几点：

（1）分部、分项工程的验收

对于完成的分部、分项工程进行中间验收。当分部、分项工程完成后，施工单位应先对其进行自检，确认合格后，再向监理工程师提交验收申请，要求监理单位对完成工程进行检查、确认。如确认其质量符合要求，监理单位则签发验收申请予以验收。如有质量缺陷，则要求施工单位进行整改，整改合格后再予以验收。

（2）监督相关设备的试运转

对需要进行功能试验的工程项目，监理单位应监督施工单位及时进行相关试验，并对重要实施步骤进行现场监控、检查，并请业主单位和设计单位参加。

（3）审查工程竣工资料，进行工程质量评估

监理单位应依据有关建设法律、法规、工程建设强制性标准条文、相关工程设计资料及相关合同，对施工单位报送的工程竣工资料进行严格审查，并对工程实体质量进行竣工预验收。对存在的问题，应及时要求施工单位整改。整改完毕由监理单位做出最终的工程质量评估报告并上报业主单位。

第五章　建筑施工现场安全管理

第一节　建筑施工现场安全管理概述

一、建筑施工现场安全管理的概念

安全问题是随着生产的产生而产生，随着生产的发展而发展，以现代系统安全工程的观点，建筑施工安全生产管理就是在建筑工程施工生产过程中，有效地组织和运用人力、物力和财力等资源，发挥人的智慧，通过人们的努力，进行有关计划、决策、组织和控制等活动，使人的不安全行为、物的不安全状态和管理缺陷减少到最低程度，实现生产过程中人与设备、物料、环境的和谐，避免造成人身伤害和财产损失。

二、建筑施工现场安全管理的特点

建筑施工生产与一般的工业生产相比具有其独特之处，因此，建筑的施工生产安全管理也具有其自身的特点。

（一）建筑施工项目种类众多，不同种类项目之间差异较大

建筑施工领域涵盖的工程类别广泛，主要包括高速铁路工程、普通铁路工程、高速公路工程、高层建筑工程、跨海跨河桥梁工程、陆域立交桥梁工程、市政工程、隧道工程、港口码头工程、轨道交通工程、地铁工程、机场工程、钢结构工程、工业和民用建筑工程等。不同的工程类别，施工技术、施工工艺、施工方法、施工周期、所用设备、机具、材料、物料都不尽相同，涉及的安全管理技术、管理知识、管理特点及对管理人员素质要求也各不相同。

（二）一个工程项目涵盖多种工程类型，安全生产构成复杂

每一个工程项目都有多种配套的分部分项工程组合而成，一般涉及基础工程、主体结构工程、水电暖通安装工程。不同的分部分项工程施工特点不同，安全管理技术要求不同，并且多种工序同时存在，构成了安全管理的复杂性。

（三）工程项目具有独特性

每一个工程项目都有它的独特性，安全管理需要有针对性。建筑工程的每一个工程的施工时间、所处地理位置、作业环境、周边配套设施、参加施工的管理人员和作业人员都不同，同时由于建筑结构、工程材料、施工工艺的多样性，决定了每个工程的差异性和独特性。建筑工程施工生产的这些差异性和独特性进而也就决定了建筑施工企业安全管理需要有针对性。

（四）影响建筑工程施工的因素繁多

建筑工程施工生产影响因素复杂众多，使得安全管理不安全因素多。建筑工程施工具有高能耗、高强度、施工现场扰动因素（噪声、尘土、热量、光线等）多等特点，以及建筑工程施工大多是在露天作业，受天气、气候、温度影响大。这些因素使得建筑工程的施工安全生产涉及的不确定因素增多，加大了施工作业的危险性。

（五）建筑工程施工安全生产管理具有动态性的特点

在建筑工程的施工生产过程中，从基础、主体到安装、装修各阶段，随着分部、分项工程、工序的顺次开展，每一步的施工方法都不相同，现场作业条件、作业状况、作业人员和不安全因素都在变化中，整个建筑施工项目的建设过程就是一个动态的不断变化的过程。这也就决定了建筑工程施工安全生产管理动态性的特点。

（六）建筑施工现场人员情况复杂

直接从事施工作业的分包队伍自身管理不足，使安全管理难度加大。很多建筑施工企业都在走管理型道路，具体的施工层都是有分包队伍进行。建筑施工属于技术含量低，劳动密集型行业，从业门槛低，分包队伍人员结构层次较低，很多现场负责人或班组长受教育程度较低，接受正规的安全教育较少，安全意识安全知识欠缺。在施工中，就会造成存在盲目施工、蛮干施工、违章指挥、违章作业。一些分包队伍为了节约成本，减少现场的安全投入，给作业人员配备的劳动防护用品质量不满足使用要求，安全防护措施落实不到位或安全防护设施设置不符合规范要求。作业人员大多走出农田，进入施工现场做建筑工人，安全知识不足、安全意识不强、遵章作业的能力欠缺。分包队伍大多没有专职安全员，现场所有的事情往往都是一个带班的全权负责，使得分包队伍自身安全管理能力不足，这些都对施工现场安全管理增加了难度。

（七）建筑施工企业安全管理是持续改进、与时俱进的管理

科学技术的发展是突飞猛进、日新月异的，在建筑施工领域不断地会有新的研究成果出现，新的施工工艺、施工技术、新材料、新设备将会越来越多的用于建筑施工现场，国家也会出台新的安全管理的法律法规、规章、规范、政策、措施。建筑施工企业的安全管理需要跟上科学和社会发展的步伐，不断更新安全管理理念、学习充实安全管理方法、安

全管理技术，同时善于总结，融会贯通，不断提高安全管理水平。

三、建筑施工现场安全管理的实质

建筑施工现场安全管理的对象是建筑施工的从业人员、所用的机械设备、各种物料及周围环境。就其实质主要包括以下几个方面。

（一）建筑工程施工安全管理是系统管理

建筑工程施工安全管理是由人、社会、环境、技术、经济等因素构成的大协调系统，包括各级安全管理人员、安全防护设备与设施、安全管理规章制度、安全生产操作规范和规程积极安全管理信息等，因此，建筑工程施工安全管理需要从系统的观点出发进行分析和控制管理，同时需要多因素的协调与组织以保证其有效实现。构成安全管理系统的各要素是不断变化和发展的，它们既相互联系又相互制约。高效的安全管理系统需要在整体规划下明确分工，在分工的基础上进行有效综合。随着系统的外部环境和内部条件的不断变化，必须及时掌握系统内各子系统的信息，以便及时采取针对性的措施。建筑工程施工安全管理系统必须构成一个闭合的回路，才能使系统发挥良好的效果。

（二）建筑工程施工现场安全管理是危险源管理

在建筑工程安全系统的构成中，存在人、设备、物料、环境，在安全生产过程中，这些因素就会导致一定的危险环境、危险条件、危险状态、危险物质、危险场所、危险人员、危险因素，这些都构成了危险源，只要有施工生产，就存在危险源。因此建筑工程施工安全管理就要采取各种方法控制危险源，减少其危害形式，降低危害发生的可能性。

（三）建筑工程施工现场安全管理是人本管理

建筑工程施工安全管理必须把人的因素放在首位，体现以人为本的指导思想。建筑工程安全管理的一切行动都是以人为本来展开的，都需要人来掌管、运作、推动和实施，每个人都处在一定的管理层面上。安全管理的效果如何，在某种意义上讲，都取决于管理者和广大从业人员对安全的认识水平和责任感。安全生产以人为本的管理理念，就是从关心和保护人的思想出发，事事考虑职工的切身利益，考虑职工的安全与职业健康同时，采取各种方法提高各级管理人员及操作层人员的安全意识和安全知识，以高度的责任感，采取针对性有效的安全防范措施，为从业人员提供安全保障条件，让所有人员都参与到安全生产管理中，以此来完善管理缺陷。

（四）建筑工程施工现场安全管理是预防管理

事故发生是多种因素互为因果连续发生的最终结果，只要诱发事故的因素存在，就会发生事故。因此，建筑工程施工安全管理的重点就是，在可能发生人身伤害、设备或设施损坏和环境破坏的场合，对危险源采取有效地管理和技术手段，减少和防止人的不安全行为和物的不安全状态，进行预防管理。

（五）建筑工程施工现场安全管理是强制管理

系统管理、危险源管理、人本管理、预防管理都需要通过强制管理来实现。就是采取强制手段控制人的意愿和行为，使个人的活动、行为等受到安全管理要求的约束，实现以上管理目标。

第二节　建筑施工安全系统工程

建筑施工安全性评价把施工现场看作是一个由若干要素组成的系统，而每个要素的变化若存在异常和危险都会引发事故，进而危及整个系统的安全；每个要素存在的异常和危险得到调整和控制，又都会使系统的安全基础得以巩固。从整体上评价施工现场的安全状况，体现了系统论的基本要求，施工安全无小事，凡是涉及建筑施工人员切身安全和利益的事情，再小的安全问题，也要竭尽全力去办。建设工程施工作业是人类按照客观规律，遵循预先制定的程序和规则，把材料、机械设备，通过一定的方式结合起来，对自然界进行改造的活动。在这一活动中，必须处理好人与人之间的社会组织关系和人与自然界的协调关系，否则就有可能危害劳动者的安全与健康。例如在施工过程中由于管理不善，或政策措施不当，就可能导致施工伤亡事故发生；在施工过程中还会遇到各种自然现象，如在隧道开挖过程中，对地质条件的判断失误，就有可能导致透水、塌方、岩爆等施工事故，造成人员伤亡及财产损失。

一、安全系统工程概述

近年来，随着科学技术的进步、生产的发展，从生产工具到劳动对象、生产组织和管理的产生了一系列变革，同时也给安全生产带来了新问题，人们深刻地感觉到传统的问题出发型安全工作方式已不能适应工农业产业的迅速发展。安全工作者需要一个能够事先预测事故发生的可能性、掌握事故发生的规律、做出定性和定量的评价的方法，以便能在设计、施工、运行和管理中向有关人员预先警告事故的危险性，并根据对危险性的评价结果采取相应的预防措施，以达到控制事故的目的。安全系统工程就是为了达到这一目的而产生和发展起来的，其实质是从系统内部出发，研究各构成要素间存在的安全方面的联系，查出可能导致事故发生的各种危险因素及其发生途径，通过重建或改造原有系统来消除系统的危险性，把系统发生事故的可能性降低到最小限度。

安全系统工程就是运用系统工程的原理与方法，识别、分析、评价、排除、和控制系统中的各种危险，对工艺过程、设备、生产周期和资金等因素进行分析评价和综合处理，使生产系统可能发生的事故得到控制，并使系统安全性达到最佳状态。安全系统工程是从根本上和整体上考虑安全生产问题，因而它是解决安全生产问题的战略性措施。

一般采用"安全性"来描述安全，采用"危险性"来描述危险。在研究和应用中，通常通过对系统危险性的研究，并以危险性的大小来表达其安全性。假定系统的安全性为 S，危险性为 D，则有 S=1–D。显然 D 越小，S 就越大，反之 S 就小。消除了危险因素，就等于创造了安全。安全系统工程的基本任务就是预测、评价和控制危险源，主要包括以下内容。

二、安全系统工程相关理论

（一）事故致因理论

从事故的角度研究事故的定义、性质、分类和事故的构成要素与原因体系，分析事故成因模型及其静态过程和动态发展规律，阐明事故的预防原则及其措施。为了防止事故的发生，人们在生产实践中不断地总结经验教训，研究探索事故发生的规律，了解事故为什么发生、怎样发生，以及如何采取防范措施，并以此模式和理论的形式给以阐述。该理论主要包括事故频发倾向理论、多米诺骨牌理轮、能量意外释放理论、轨迹交叉理论。

（二）事故频发倾向理论

1919 年英国的格林伍德和伍兹对工厂伤亡事故数据中的事故发生次数按不同的分布进行了统计检验发现，某些人相比他人更容易发生事故。1939 年法默等人提出了事故频发倾向的概念，认为少数人具有事故频发倾向，是事故频发倾向者，他们的存在是工业事故发生的原因。如果企业中减少了事故频发倾向者，就可以减少工业事故。据此预防事故的措施为人员选择，即通过严格的生理、心理检验，从求职者中选择身体、智力、性格特征及动作特征等方面相对优秀的人，并把企业中的事故频发倾向者解雇。

（三）多米诺骨牌理轮

由海因里希的多米诺骨牌模型可知，工程事故是由人的背景原因，人的失误，人的不安全行为，事故和伤害组成的五块多米诺骨牌。在这套多米诺骨牌中，一块骨牌被碰倒了，则将发生连锁反应。如果移去连锁中的一块骨牌，则连锁破坏，事故过程被中止。建设工程项目安全生产工作的中心就是防止人的不安全行为，消除机械或物质的不安全状态，中断事故连锁的进，程从而避免事故发生。

（四）能量意外释放理论

1961 年由吉布森和哈登提出事故是一种不希望的能量释放，各种形式的能量是构成伤害的直接原因，应该通过控制能力或控制作为能量达及人体媒介的能量载体来预防伤害事故。能量在生产过程中是不可缺少的，人类利用能量做功以实现生产的目的，为了利用能量做功必须控制能量。在正常生产过程中，能量受到约束和控制，按照人们的意志流动、转换和做功。如果由于某种原因能量失去了控制，超越人们设置的约束意外地释放则称发生了事故。如果失去控制的、意外释放的能量到及人体，并且能量的作用超过了人体的承受能力，则人体将受到伤害，意外释放的机械能是造成工业伤害事故的主要能量形式。调查伤亡原因发现，大多数伤亡事故都是由于能量过量，或干扰人体与外界正常能量交换的危险物质的意外释放引起的，这种能量过量或危险物质的释放都是由于人的不安全行为或物的不安全状态造成的。

该理论从能量意外释放理论出发，认为预防伤害事故就是防止能量或危险物质的意外释放，防止人体与过量的能量或危险物质接触，这种措施叫作屏蔽。在生产中经常采用的防止能量意外释放的屏蔽措施有用安全的能源代替不安全能源；防止能量蓄积；限制能源；设置屏蔽；信息形式的屏蔽；缓慢地释放能量；在时间或空间上把能量与人隔离。

（五）轨迹交叉理论

该理论认为在事故发展进程中，人的因素的运动轨迹与物的因素的运动轨迹的交叉点，就是事故发生的时间和空间，即人的不安全行为与物的不安全状态一旦相遇，则将在此时间、空间发生事故。事故的发生、发展过程可以描述为：基本原因—间接原因—直接原因—事故经过。从事物发展运动的角度，这样的过程可以被形容为事故致因因素导致事故的运动轨迹，分别从人的因素和物的因素两个方面考虑。人的运动轨迹：生理、身心缺陷—社会环境、企业管理的缺陷—后天心理缺陷—感官能量分配上的差异—行为的失误物的运动轨迹：设计上的缺陷—制造工艺上的缺陷—维修保养上的缺陷—使用上的缺陷—作业场所环境上的缺陷。人、物两轨迹相交的时间与地点就是发生伤亡事故的时空。根据该理论，预防事故的措施为：在设计生产工艺时尽量减少或避免人与物的接触；严格操作规程；避免人的不安全行为与物的不安全状态同时出现。

（六）系统安全理论

系统安全指在系统寿命周期内，应用系统安全理论及系统安全工程原理，识别危险源，并使其危险性减少至最小，从而使系统在规定的性能、时间和成本范围内达到最佳的安全程度。该理论的创新概念是改变了人们只注重操作人员的不安全行为而忽视了硬件的故障在事故致因中的作用的传统观念，开始考虑如何通过改善物的系统可靠性来提高复杂系统的安全性，从而避免事故。根据系统安全理论，预防事故措施为：严格系统的生命周期；从人、机、环境综合考虑事故预防措施；控制危险源，努力把后果严重的事故的发生概率降到最低；或者万一发生事故时，把伤害和损失控制在可接受的程度。

三、系统安全分析

系统分析在安全系统工程中占有重要的位置，它是安全评价的基础。通过这个过程，人们对系统进行深入、细致的分析，充分了解、查明系统存在的危险性，估计事故发生的概率和可能产生伤害及损失的严重程度，为确定哪种危险能够通过修改系统设计或改变控制系统运行程序来进行预防；

四、安全评价

安全评价是对系统存在的危险性进行定性或者定量分析。找出系统存在的危险点与发生危险可能性及其程度，以预测出被评价系统的安全状况，与预定的系统安全指标相比较，如果超出指标则应对系统的主要危险因素采取控制措施，使其降至该标准以下，以达到最低事故率、最少损失和最优的安全投资效益。

五、安全措施

安全系统工程的最后一项就是采取安全控制措施，它是根据评价的结果，对照已经确定的安全目标，对系统中的薄弱环节或潜在危险，提出调整、修正的措施，以消除事故的发生或使事故产生的损失得到最大限度的控制。

第三节 建筑施工安全生产系统

一、建筑施工安全生产系统的构成

建设工程施工作业是一个复杂的人、机系统，由施工作业人员、电器和机械设备、施工现场、管理四个方面组成。他们之间具有相互联系与制约的关系，施工项目安全生产情况取决于人、物、环境三个因素的联系，它们的状况又受管理状态的制约。由于建设工程施工作业自身的特性和建筑业企业经营体制的改革，建设工程施工项目生产系统的人员、机械、环境、管理等要素又有跟传统其他生产行业有明显的区别。

（一）人员组织方面

随着建筑业市场改革的不断深化和建筑企业改制后的经营机制的转换，建筑企业用工制度也发生了根本性的转变。当前形式下，施工企业管理层与劳务层分离，施工现场的一线工人由原来的固定工为主逐步过渡到现在以劳务工为主，转变成未经过或少许培训的农民工。农民工现在已成为建筑业劳动力的主体。全国建设工程从业总人数中从农村转移过来的从业人员占近半数左右，民工队伍普遍存在流动性大、文化程度低、缺乏有效的职业培训、习惯性违章现象普遍等问题。农民放下锄头到城市的建筑工地当民工，是很难马上适应的。从近几年发生的安全死亡事故来看，其中有80%左右的死者从农村到城市工地工作不满三个月。他们没有经过必要的上岗培训，缺乏自我保护意识。应该负起培训他们的责任的是用人单位。假如是整建制的合格分包工队伍，安排培训民工是有可能的，但目前的情况是，大多数分包队伍都做不到。在实践中，有许多技术工人和施工管理人员相当缺乏施工安全知识，其中甚至包括某些工程监理人员。《建设工程安全生产管理条例》已经颁布施行，加强对技术工人和工程管理人员的安全知识培训应当成为施工企业的当务之急。

由于我国建设工程施工企业在薪酬上对人才的吸引力不强，导致中青年技术人才流失，大中专毕业生不愿到建筑企业工作，造成了技术工人队伍出现年龄断层。而企业原有的技术工人慢慢演变为项目经理部管理人员或被分流。相比之下，其他产业的工人，有相对严格的录用机制、较完善的用工培训，掌握、熟悉其所属工种的技能知识。

（二）机械方面

建设工程施工作业大多以手工作业为主，机械设备相对落后。在施工现场一般存在起重吊装机械，如塔吊；土石方机械，如挖掘机等；水平垂直运输机械，如平台式起重机等；桩工及水工机械，如履带式打桩机、离心水泵等；装修机械，如灰浆搅拌机等；板金和管工机械，如咬口机等；铆煌设备，如氧弧辉机等等。施工机械大多是根据施工进度需要临时设置、安置于施工现场，与其他产业使用的作业机械设备相比，主要有如下特点。

使用的环境条件不同。大多数建设工程机械如塔吊长期露天工作，经受风吹雨打和日晒。恶劣的环境条件对机械的使用寿命、可靠性和安全性都有很不利的影响。

作业对象不同。建设工程机械设备的作业对象以砂、石、土、混凝土及其他建筑材料为主。工作受力复杂，载荷变化大，腐蚀大、磨损严重。如起重机钢丝绳容易磨损断裂，土石方机械工作装置容易磨损破坏等。

作业地点和操作人员不同。工厂内机床设备相对固定，能保证专人专机操作，而建设工程施工机械场地和操作人员的流动性都比较大，由此引起安装质量、维修质量、操作水平变化也比较大，直接影响其可靠性和安全性。

（三）作业环境方面

建设工程施工作业的显著特点是露天作业、工序繁多，交叉作业现象多，机械化和半机械化作业程度相对较低，使用的建筑材料种类多等等，诸多可变参数都有可能对作业环境产生影响，甚至产生重大影响，以致影响安全生产条件。

在建设工程施工现场影响作业环境的因素包括自然界风、雨、雪、雷电、冰雹等影响的影响；施工现场向狭窄场地的变化，如在闹市区的市政、房屋建筑工程等，作业场地越来越小，有限的施工作业现场的临时设置增多，不安全因素增多；噪声，各种施工和运输机械、现场加工机具，人工和机械拆改过程中产生的噪音、切割等施工机具产生的噪声；固体废弃物，交工前建筑产品清扫所产生的建筑垃圾；施工产生的有毒、有害气体如碳氧、碳氧、氮氧化合物、氡气、苯化合物以及建筑装饰材料释放的有毒、有害气体等；潜在爆炸和火灾因素，施工生产所用的火工品引起的意外爆炸；潜在易燃易爆气体泄漏等；扬尘，土方工程、砂石水泥等建筑材料装卸、运输及竣工前的清扫、建筑垃圾的清运等引起的扬尘；有害光，射线等，如电、气爆强光、超声波、低频振荡、光中的紫外线等。与其他产业的作业环境相比，施工作业环境的影响因素随施工进度变化、随机性很强。不同的施工阶段、不同的建筑产品的影响因素不一样。

（四）管理组织方面

建设工程施工项目部管理组织方面主要特点就是管理层次复杂，涉及的责任主体较多、扁平化程度不高。其主要体现为涉及的主体单位多，依照《建设工程安全生产管理条例》的第一章第四条"建设单位、勘察单位、设计单位、施工单位、工程监理单位及其他与建设工程安全生产有关的单位，依法承担建设工程安全生产责任"的要求，在建设工程施工项目部中涉及的责任主体有建设单位、勘察单位、设计单位、工程监理单位、施工单位、设备租赁、检验检测机构、施工起重机械和整体提升脚手架、模板等自升式架设设施安装单位。由于目前施工企业经营体制的改革，管理层和经营层分离、总分包制度渐行，涉及的管理层次增多，如总包单位与分包单位的权责划分，以及安全生产责任的落实问题。

还有一个很现实的问题，目前很多具有施工资质的单位只负责承揽业务，而实际的施工作业任务由没有施工资质的外协作业队完成。

结合上述两点，在施工作业过程中，对安全生产有责任的单位就有建设单位、监理单位、施工单位、专业分包单位（脚手架搭设、设备租赁等有关的单位）、劳务分包单位等，组织结构体系层次复杂，这是与其他产业的安全管理组织相比有很大的区别。

二、建设工程施工作业安全技术分析

安全技术是劳动保护学的组成部分之一，是生产过程安全问题的重要技术措施。针对生产过程中的不安全因素，采取相应的控制措施以保护人和作业面的安全，预防事故的发生，主要包括安全生产技术和安全管理技术两个方面。1956 年颁发的《建筑安全工程安全技术规程》使我国建筑生产技术工作有了很大的发展，建设工程施工作业由笨重的手工劳动走向机械化和半机械化，如土石方机械的出现，大量的土方挖掘工作已经由机械代替。1980 年颁发的《建筑安装工人技术操作规程》明确规定了十项安全技术措施，又使建设工程施工作业安全生产技术得到进一步提升，施工现场各类防护设施和装置实现了标准化、定型化和工具化。近年来，建设部组织了安全技术开发工作，先是研制成功了施工现场专用的漏电保护器及漏电保护器检测仪等，对防止触电事故起到了很大作用。后来建设部从建设工程施工活动的系统出发，对建筑基坑支护、施工现场临时用电、高处作业、各类脚手架施工、垂直运输机械和模板施工等安全技术问题进行了系统的分析和研究组织专家制定了建筑施工安全技术标准体系，确立了建筑安全生产技术的全部内涵。

（一）防护技术

施工人员的个人防护，如安全帽、安全带和安全网等构造技术、试验方法和正确使用技术。高处作业及防护技术，如高处作业的定义、分级和防护等。临边作业的防护，如深度超过2m的槽、坑、沟的周边防护；无外脚手架的屋面作业防护和框架结构的楼层的周边防护；井字架、龙门架、外用电梯和脚手架与建筑物的通道、上下跑道和斜道的两侧边防护；楼梯的梯段边防护；尚未安装栏板、栏杆阳台、料台和挑平台的周边防护；临边防护栏杆的构造等。

（二）土石方工程施工安全技术

基坑（槽）和管沟边坡的技术规定，如土质的实验室和现场的鉴别方法、基坑（槽）和管沟边坡的垂直挖深等；土石方施工中安全防护要点，如土石方边坡导致坍塌的原因、预防土石方的安全措施等。

（三）脚手架工程安全技术

脚手架的种类，如木、竹、钢脚手架，工具式脚手架；脚手架的材质和规格，如木、竹、钢脚手架的材质与规格，以及绑扎材料的材质与规格；脚手架的构造与搭设；脚手架的拆除等。

（四）垂直运输安全技术

垂直运输的机械设备，如塔式起重机、施工外用电梯、龙门架、井字架等的基本参数、技术性能、安全装置、构造、安装与拆除、维修与保养、基础、附墙架、揽风绳和低描的安全规定。

（五）模板工程安全技术

模板的分类，如定型组合模板、墙体大模板、飞模、滑动模板、一般木模板等。模板施工准备和安全基本要求，如模板施工前的安全技术准备工作、模板工程施工安全技术要求等。模板安装的安全技术，如普通模板、液压滑动模板、大模板、飞模工程施工的安全技术。拆模的安全技术，如一般技术要求、施工安全技术方案等。

（六）现场临时用电和电动机械安全技术

现场临时用电技术包括：临时用电管理、接地与接零、配电箱、施工照明、用电线路、漏电保护开关等。施工现场电动机械安全技术包括：手持电动工具操作安全、混凝土菜车及布料杆安全技术。

（七）简易起重、吊装、拖运安全技术

安全操作的一般规定，撬棍、滚杆、手电动葫声倒链、绞磨、地锚、缆风绳与拖拉绳、绳结等安全操作。

（八）电气焊安全技术

电焊安全管理和安全操作规程。气焊和气割安全操作和安全管理等等。

三、建设工程安全生产管理分析

（一）建设工程项目安全生产管理层面

建筑安全生产管理依据管理的对象和范围可以分为宏观层面的建筑安全生产管理和微观层面的安全生产管理。在微观层面，建筑安全生产管理是对建设工程项目的安全生产进行管理。它指的是国家安全生产监督管理机构、建设主管部门、建筑企业遵循一定组织原则，分工合作，依照有关安全法律、法规、规章对建设工程项目的安全生产进行检查、监督，督促和引导建设工程项目改善和提高安全生产效果的过程。建设工程项目安全生产管理的实施，必须借助有序、科学的安全生产管理体系。体系内，安全生产监督管理机构、建设行政主管部门、建筑企业、项目管理人员之间关系顺畅，建设工程项目安全生产的监督管理分工明确，职责分明，最终的效果是共同监督建设工程项目安全法律法规的实施，有效引导、刺激建设工程项目自主重视安全生产。

（二）建设工程项目安全生产管理的特点

建设工程项目一般投资大，工期长，工序繁杂，交叉流动作业，机械和人工混杂，且为一次性作业，影响安全的因素多且难掌握，这就决定了建设工程施工项目必须强化安全管理。施工现场属于高危险的作业环境，其安全管理特点如下。

施工环境十分复杂。建筑施工是由沉重的建筑材料，不同功用的大小施工机具，多工种密集的操作人员，在地下、地表、高空多层次作业面上每时每刻都在变更作业结构，全方位时空立体交叉运作系统。

施工环境难以全面控制。地理位置、地质、气象、交通情况、卫生条件，现场周围居民及社会生活条件对施工作业的限制，民族风俗的差异，社会治安的干扰等构成一个多因素相互影响的复杂环境。对上述高危险性作业的管理本身已是十分复杂的工程。然而，在工程组织体系上又有许多复杂的组织因素。

复杂的承包关系。建筑施工实行多层次、多行业、多部门承包的管理体制，多种承包商同时进入现场又各自组织作业，而每次施工地点变化时承包商也有变化，这就造成难以协调的不稳定的管理体系。

复杂的施工队伍。首先是各大建筑企业本身的技术队伍质量不稳定，流动性很大，加之乡镇、集体、个人建筑作业队技术工人少，质量又差，这就构成了建筑施工基础管理上的先天缺陷同时又有不同地区、较低文化技术品质、甚至是完全没有现代化安全生产观念

的又未受到必要培训的临时工大量涌入高危险性施工现场。

施工质量直接影响建筑物的质量安全。由于施工质量引发的建筑物部分坍塌或整体倒塌的恶性事故已发生很多,既造成施工过程中伤亡,也曾造成用户及周围人员伤亡。因此建筑施工安全管理与施工质量管理密切相关,这就扩大了安全管理的职责范围,同时也使安全管理需要与材料品质、工艺方法、工序组织等管理相衔接。从而提高了安全管理的技术难度。

(三)建设工程施工作业安全管理技术

安全管理与所有促进安全及健康的技术相关,并通过这些技术的运用,达到安全管理的目的。安全管理还与影响人的行为、限制可能造成伤害及损失的人为错误发生的机会相关。为此,在安全管理中,要把人的失误考虑在内,限制风险要求消除或控制危害和评估作业中存在的风险,建设工程施工作业安全管理技术与其他行业一样,主要包括:

1. 风险评估

长期以来,人们至少在两种意义上,不知不觉地进行着风险评估的活动。首先,每个人一天中都多次地就自己在特定情况下的行为所能造成的不期望后果的相对概率进行分析。例如,在横过马路时,是根据交通信号,还是视当时的交通状况来行动。在做这种判断时,人们既要评估受伤的可能性,也要考虑它的严重性;另一种意义上的风险评估是基于法律对雇主的要求,判断在特定的情况下,应采取什么样合理的预防性措施。在此过程中,人们要对风险的程度及可能出现的后果,消除或减少风险的工作量和成本做出全面的考虑,然后进行决断,主要有危害评价、危害排序、决策、引进整改及预防的措施等几方面。

2. 安全政策

没有管理上的积极支持,任何事故预防努力都是没用的,而且还会造成一种认为安全健康问题已经得到了控制的假象,使情况更糟。避免事故发生需要一个组织的全体部门、经理、主管和工人们持续的集体努力。只有管理者具有权威性,使这种共同努力协调、有序并扎实地推行安全健康政策。这种影响将体现在其所制定的政策中、执行政策的认真程度和对违反政策的处理上。主要有政府制定的安全生产方针、政策和法律法规,并实施监督管理,施工企业和施工现场的各项安全管理水平的综合考评、安全生产责任制、安全管理、文明施工措施等规定要求。

3. 安全卫生培训

安全卫生培训自身并不是目的,只是为达到某一目的的一种手段。用一般方法向员工宣讲安全的必要性不是培训,工人及管理者所需要的是,为了他们自身及其他人员的安全和健康以及根据法律法规的要求,应该做什么。在不同的职业条件下,构成安全行为的知识,不是与生俱来的,而是需要学习和实践来获取的,不管是通过错误或是通过反复的实践。在现代工业中,通过错误来学习,代价是沉重的。经验和研究表明,从讲课、电影、录像、宣传画、标语及书籍中得到的安全行为模式的知识，并不能足以使每一个人建立起安全的行为。因此，培训永远不能代替安全卫生的工作条件和工厂及设施的良好设计。由于人们容易犯错误。因此，要减少错误及不安全行为发生的机会，并且当其发生时，使其后果减至最小。从时间及成本的原因来看，安全培训可以是其他工作及组织培训的一个组成部分，也可以是一种综合的培训，把侧重点放在安全卫生方面。有对管理者的培训、新工人或转岗员工的上岗培训、作业培训、主管和经理培训以及特殊专业技术培训。

4. 维护

维护可以定义为保证或维持设施达到一个可以接受的标准而进行的工作活动。这种活动不是简单的维修，如果能够适时地采取预防的行动，有些机械的问题是可以避免的。并且维护活动中的安全卫生问题很重要，有关统计数据表明，维护工的事故及工伤的风险要大一些，这是因为这些工作比其他人暴露在更多的危害下。主要有预防性维护、损坏维修等。

5. 合同商的管理与控制

从对事故调查的分析表明，几乎总是有现实的或者主观上的财政方面压力，这就容易在竞争的投标者中，决定并接受低报价的投标人，而这往往又是以牺牲职业安全卫生方面的要求为代价的。其他的主要因素包括流动的劳动力，这些人一直未能得到必要的训练。大多数分包商规模小，他们对法律知之甚少，也没有安全方面的实际经验，工作上压力大，对管理特别是安全管理了解不多，也是一个重要的原因。因此要加强合同商的管理和控制，主要有：选取合适的投标人；识别出在给定任务范围内的危害；检查从安全卫生方面投标者，选择合同商；合同商保证遵守客户的规则；现场对合同商管理；完成合同后的检查。

6. 事故调查、记录与分析

美国安全工程师学会前主席曾说："迄今为止，我们尚不能保证一个工人在工作时的平安。究其原因在于我们并没有透彻地分析过事故案例。由于事故报告自身的问题，我们没有充分的数据去发现在工具方面、机器设备方面或者设施方面具体的问题。我们仍然把全部希望寄托在用人的表现来避免那些尚未识别的危害上。但是，我们不能把希望寄托在总是靠人的行为来适应危害从而减少事故的发生上。如果地板上有了一个洞，不要把希望放在训练所有的人避开这个洞来避免事故，把洞给盖住，要简单得多。"所以在安全管理技术上应加强做好安全事故的调查、记录与分析，深入调查研究，掌握事故发生的原因及途径，为制定防灾措施提供有力的依据。

7. 安全卫生信息的传播与交流

目前，人们可获得关于安全卫生方面的信息存在的问题是在许多方面都不协调，这些信息经常是请一些专家编写的，造成让一般使用者很难理解的情况。信息技术是朝着解决问题的方向发展的，通过资源的组合来进行有效利用。但现实中很多人都觉得从影响及改变人们在安全卫生事务方面的行为和态度而言，这些工作的价值难以称道。长期以来在传统上形成了安全宣传是安全活动的一部分，去掉它们也很勉强，而且这项工作是管理者关心的体现，成本不高而且对生产的干扰也小。基于这样一种状况，对安全宣传的认识确实需要提高，在传播与交流安全卫生信息时应强调信息的可信性及其激励作用。

8. 安全检查

安全检查是以安全卫生为目的而开展的检查，主要任务是找出危险，找到消除或控制的方法，是安全生产管理的重要内容。主要有法定检查、外部检查、行政检查、例行检查、投产检查、连续检查等几类检查方式。

四、建筑施工安全生产管理现状

（一）建筑施工从业人员素质现状

人、物、环境是可能导致事故的三个重要方面，因此，从业人员素质的高低对企业的安全生产状况具有非常重要的影响。而施工现场常常存在管理人员和专职安全管理人员数量严重不足的现象。同时，从业人员的素质普遍偏低，主要体现在管理人员学历普遍偏低；专职安全管理人员队伍职称结构不合理；工人受教育程度低以及专职安全管理人员和工人缺乏从业经验。另外，根据相关调查结果显示，现有的施工企业安全教育培训不到位。有一小部分农民工不符合建设部的规定，未接受过任何形式的安全教育就从事施工作业；有的企业不符合建设部的规定，工人未全部接受安全教育后再上岗；有的工人不符合建设部的规定，上岗后才进行"二级"安全教育。安全教育培训质量不高。虽然多数建筑企业建立了"二级"安全教育制度，定期进行安全教育培训，但从现场情况来看，安全教育培训的质量并不高，安全教育内容没有针对性，培训课时也不合格。特种作业人员持证上岗问题突出。某些施工企业不符合建设部的规定，其特种作业人员未全部持证上岗，甚至有企业一半以上特种作业人员都未持证上岗。

（二）企业安全管理现状

1. 企业安全管理制度不健全

企业安全管理制度不健全主要表现在安全生产责任制、安全技术规程等安全管理要素实施不力。部分企业的安全生产责任制并未层层落实到企业的基层，只落实到项目层次而并没有在班组落实安全生产责任制；有近六成企业不符合国家规定，所承担的项目并未全部通过安全设施"三同时"（一切新建、改建、扩建的基本建设项目、技术改造项目、引进的建设项目，其职业安全卫生设施必须符合国家规定的标准，必须与主题同时设计、同时施工、同时投入生产和使用。）审查，近四成的被调查项目未通过安全设施"三同时"审查；近两成的被调查企业未按国家规定对危险性较大的分部分项工程单独编制施工组织设计方案，并且在被调查企业所承担的所有危险性较大分部分项工程中，也有近两成的分部分项工程未单独编制施工组织设计方案。

2. 企业安全投入不足，且安全投入缺乏合理的投资决策

从相关的企业安全投入情况的调查中可以看出，在被企业所承担的房屋建筑工程项目中，占总量超过半数的项目安全投入率不符合国家规定，安全投入存在着严重的不足，企业安全防护措施、安全防护用品等安全投入方面存在着不足，并且所调研的施工现场均未有一个明细的安全投入账目，并且缺乏合理的安全投入规划、预算。

建设单位是建设项目的投资者，往往只关心成本、质量、工期等对自身利益的影响。很多业主认为安全管理是施工单位的事情，跟自己毫无关系，基本上没有什么安全管理的意识和观念。施工单位是社会主义市场经济条件下的经济主体，实行独立核算，自负盈亏。因此，利润最大化是企业追求的目标。一方面，在项目管理工作中，安全管理让位于质量、成本、工期等目标，安全投入得不到保证。另一方面，在激烈的市场竞争条件下，很多承包商忙于争项目、抢市场，片面地追求经济利益，有关安全管理的规章制度形同虚设。

作为业主代表的监理单位，一般只注重工程的质量、进度、投资等问题，而对施工过程的人员、机械等安全问题则认为是施工企业内部的事，很少参与管理。一些监理单位甚至忽视对建设项目的安全监理，不按照法律、法规和工程建设强制性标准实施安全监理职责的现象比较普遍。

目前的设计单位在结构安全的设计上往往采取保守的设计方案，而对施工过程的安全，他们并没有认真的考虑。因此，设计单位在设计时往往将造型、美观、大胆的构想放在首位，不考虑施工的难度和如何进行安全操作或防护的需要，认为只要有设计图纸，如何施工是施工单位的事情。对涉及施工安全的重点部位和环节在设计文件中未注明，给施工安全带来一定的安全隐患。虽然设计报告中有专门的安全专篇，多数却照搬照抄七八十年代的图纸说明，与自己设计的图纸根本不符，失去了对安全施工的指导意义。

（三）建设工程安全生产监督管理现状

建设工程安全监管对企业的安全生产具有非常重要的影响。因此，研究解决建设工程安全监管中存在的问题，对改善企业的安全生产现状是必要的，现有的问题主要有以下几点：

1. 劳务市场尚不规范

按照国家法律的规定，农民工应该直接与承包公司或者劳务公司签订劳动合同，并由其保障农民工的各项权利以及对农民工的安全负责。但实际情况是农民工先由小包工头组织起来，小包工头再由专门进行建筑劳务活动的大包工头组织起来与承包公司或者直接与工程项目签订合同，这时的小包工头就成了本项目施工队伍的班组长，负责全组工人的工作，农民工与承包公司之间实际并没有了直接的责任关系，致使农民工的权利得不到有力的保障并给企业的安全生产带来了巨大的压力。目前劳务分包的发展存在着一些制约因素。从劳务企业来看，其运营成本高于"包工头"的成本，在市场竞争中，劳务企业无成本优势。从劳务发包企业选择分包队伍的情况来看，其更愿意把劳务发包给"包工头"。他们

从经济利益最大化的角度来考虑,劳务发包人更愿意把劳务发包给报价比劳务企业低的"包工头";其次多数劳务发包人都和特定的"包工头"保持着长期合作、配合默契的关系,这样,劳务发包企业易于通过"包工头"实现对现场作业人员的管理和控制;最后从劳务企业和劳务发包企业的关系来看,总承包企业数量过多,而低资质的总承包企业市场竞争能力又较弱,为了生存,只能跟在资质高的总承包企业后面做劳务分包,这种做法挤兑了劳务企业的生存空间。由于这些制约因素的存在,使劳务企业的生存和发展举步维艰,同时也给"包工头"提供了充斥建筑市场的相应空间。

2. 安全管理体制不完善

建筑安全管理涉及的行政管理部门较多,而各部门之间各管一摊,容易造成管理上的混乱。例如建设行政主管部门和劳动卫生部门就都有权力对项目的施工卫生、生活环境进行检查,部门之间的工作重复、职责不清;同时部门之间业务也缺乏制约关系,同一个工地可以在建设行政主管部门评为安全文明不达标的同时被质量监督部门评为质量优良工程。多头管理、重复检查不仅浪费了管理资源,企业也增加了负担。

3. 建筑安全监管机构和人员配备还不完善

存在企业根本不了解安全技术的法律法规和标准,更谈不上贯彻执行,部分建筑安全生产监督执法人员不能熟练掌握相关法规政策和技术标准,不能胜任日益复杂的建筑安全生产监督管理工作。因此,行业监管能力和水平有待进一步提高。

4. 多层转、分包严重

建设工程领域转包和分包现象普遍,经常出现一个项目由几个分包商层层转、分包的现象。各个分包商责任不明确、忽视安全,层层盘剥也使得到最后一包的转包者无利可图。这些转包商往往都是那些较小而且资质较低,无论是信誉、技术、管理水平都相对较差。他们在施工过程中偷工减料,不注重安全,也就不可能在安全上投入人力和资金。层层转包也使总承包商无法和现场施工人员进行充分的交流,无法对施工现场采取合适的管理方式。虽然国家出台各项措施明令禁止,但由于目前建筑市场的不规范运作,致使许多建筑商有机可乘,实际运作过程中层层分、转包现象仍很严重,安全事故也就不可避免地发生。

五、建筑施工企业安全生产事故特点

建筑企业安全事故是指建筑施工企业在从事工程项目建设活动中突然发生的,伤害人身安全和健康,并造成设备设施损坏和财产损失,导致原有工程项目建设活动无法正常进行的事件。

突发性。建筑安全事故的发生是突然的,且事故的发生发展往往在瞬间内完成。只要安全事故发生,就几乎进入不可控状态。

危害性。由于建筑安全事故突然发生,项目管理人员很难预料,如果防范不及,就可能造成生命财产损失。而且有的安全事故并不是独立的,一种类型的安全事故可能诱发其它衍生危害。

潜伏性。潜伏性是指安全事故在发生前，工程现场的生产活动一切正常，施工现场处于"平静"的假象之下。这种潜伏性通常表现为一定的安全隐患，它会慢慢积聚能量在某一时点突然爆发。

紧急性。建筑安全事故从爆发到酿成严重后果一般时间跨度较短，这要求项目管理人员必须在有限的时间里依赖有限的信息迅速做出决策，制定合理的解决方案，采取切实可行有效的行动，防止事故危害的扩大。

复杂性。由于建筑工程本身施工作业具有单件性的特点，每一个建设工程项目都有其独特的内部和外部环境，形成安全事故的原因也错综复杂。同一类安全事故，诱因也可能多种多样，这无疑给分析事故原因、制定应急方案增加了工作量。

建设工程具有产品单件、固定性、体积大且生产周期长、流动性大，以人工劳动和设备运转相结合的方式施工，露天高空作业量较大，生产环境恶劣、作业条件差等特点。建筑产品在施工过程中不同于其他的产品的生产过程，不仅工序相对复杂、变化性大，且建筑材料的流量大。根据建设工程的这些特点，各自的影响因素也有所区别，但这些都关系到施工安全生产能否顺利进行。建筑施工人员安全是保证建筑施工质量的前提，没有施工人员的安全保障就谈不上靠他们的劳动来保证工程质量。

建筑产品则具有产品多样化、无规则性，建筑物之间在外形、设计尺寸等立体空间和内部结构也各不相同。建筑产品这样的特点决定了建筑安全问题的差异性。由于功能不尽相同，在结构设计、产品规模上多变，使得建筑所需的各种材料、施工工艺等复杂多样化，对施工技术人员、机械设备、安防设施、现场环境的要求也存在差异。诸多因素的干扰，让整个施工人员安全的不确定性大大增加。因此，在建筑产品的生产过程中，对安全问题的考虑是非常必要的。

建筑施工现场的不确定性复杂多变。建筑施工耗能高、高强度，且施工现场噪声较大，致使有些口头指令容易混淆。另外，夜间施工的照明设备、露天工作环境要承受外界高温或严寒天气等无法消除的外界因素都会对施工人员产生不利影响，危险随时可能发生。企业管理部与施工现场项目部分开工作，公司传达的一些安防制度可能无法及时达到现场，会阻滞施工现场安全防护措施的落实进度。非专业化施工、作业人员水平偏低及多家施工企业同时进行等都会增加施工现场的不安全因素。

六、建筑工程施工中的安全事故分类

在建筑工程施工过程中安全问题一直是各个单位关注的重要问题，安全伴随着建筑施工的始终，安全施工就是在法律法规的要求下，根据施工工程的本身特点进行合理的施工，从而确保相关人员的安全。但是工程施工过程中的安全事故时有发生，因此有必要对其进行分类研究，从而找出安全事故发生的规律，进而指导建筑施工过程安全施工，避免不该有的安全事故发生。建筑施工安全事故类别有以下四种划分：

首先，按照发生的场所进行分类，事故包括生产安全事故、质量安全事故、交通安全事故及消防安全事故；其次，按照安全事故产生的原因进行分类，包括环境的不安全因素、物的不安全状态、人的不安全行为等；再次，按照人员受伤害程度分类，包括轻伤、重伤及死亡；最后，按照人员伤亡和财产损失程度分类，包括特别重大安全事故、重大安全事故、较大安全事故及一般事故；

此外，可以按照事故起因将安全事故分为以下十类，即物体打击、机械伤害、起重伤害、触电、火灾、高处坠落、坍塌、爆炸、中毒和窒息、其它伤害。我国建筑业每年因建筑安全事故伤亡的人员数量多，造成的经济损失严重，严重影响着建筑业的良性发展及社会的和谐发展，因此必须实施安全管理，对可能发生安全事故的位置进行明确规定，并严格实施相应的安全管理方案，从而减低安全事故的发生率。

第四节　建筑施工安全管理系统

一、建筑施工安全管理系统构成

系统是由相互作用和相互依赖的若干部分组成的有机整体，具有集合性、相关性、目的性、整体性、层次性和适应性 6 大特征。建筑施工企业的安全管理是一个系统的安全管理，贯穿于生产活动的方方面面，是全方位、全天候且涉及全体人员的管理。只有安全管理系统中的各要素紧密联系，共同发挥作用，系统才能完整闭合，起到达到效果。本文将建筑工程施工安全管理系统的构成分为以下几个子系统。

（一）安全管理目标

安全管理目标包括人员伤亡事故频率、职业病发病率、责任交通事故频率、火灾事故频率和机损事故频率、环境污染事件频率及现场文明施工达标等，是建筑施工安全管理的目的和方向。建筑工程施工必须制定安全管理目标，工程所有的人员都要向达到这个目标而努力。

安全管理目标的制定要按照"横向到边，纵向到底，专管成线，群管成网"的原则进行目标分解。"横向到边"就是要分解到企业的各个部门，"纵向到底"就是要分解到作业人员。目标分解应包含数量上的分解和管理责任分解，明确达到安全目标要采取的措施，同时签订安全目标责任书，将职责落实到人。

在建筑工程的施工过程中，应定期组织对责任目标进行考核，检查目标的落实情况和达标情况，并根据考核中发现的问题，采取纠正措施，及时进行。

（二）安全管理机构

建筑施工企业必须建立安全管理机构，成立以企业法人为组长的安全领导小组，成员包含企业的主要负责人和主要部门的负责人。领导小组定期研究企业安全生产的重大方针政策和措施，颁布实施企业的安全生产管理制度，决定安全生产的投入和重大决策，做好对企业职工的安全培训，对企业的施工项目安全生产情况进行监督、检查、指导和评价、奖惩。

单个工程项目经理部要成立以项目经理为组长，涵盖各部门人员的安全领导小组。安全领导小组中各层次人员切实履行好各自的安全职责，编制并落实好各项安全技术措施，做好现场各项安全防护，通过验收、检查、整改等方式，消除现场的安全隐患，保证安全生产的顺利运行。单个工程项目经理部应配备专职安全员，其数量应满足下列要求：

按照建筑面积配备1万、1~5万、5万以上的工程各应至少配备1人、2人、3人。

按照工程总造价配备5000万元以下、5000万~1亿元、1亿以上的工程各应最少配备1人、2人、3人。

考虑到工程项目采用新技术、新工艺、新材料或致害因素多、施工作业难度大的工程项目，专职安全生产管理人员的数量应当根据施工实际情况，在上述配置标准上增加。

（三）安全管理制度

安全管理制度是建筑施工企业和工程项目规章制度的重要组成部分，是组织安全生产的重要手段，强制性规定企业、工程项目经理部及其员工在生产活动中必须共同遵守的安全行为规范和准则。安全管理制度应根据国家法律法、规规章规范、行业标准及企业和工程项目经理部在安全管理中总结的行之有效的管理办法和经验来制定，要做到标准化、规范化、职责清晰，体现责、权、利的结合。

企业和工程项目经理部的安全管理制度包括安全生产责任制度、安全目标管理制度、安全教育制度、安全检查制度、安全事故报告制度、安全投入保障制度、安全例会制度、风险告知制度、安全生产责任制考核制度、安全生产奖惩制度等。

（四）安全管理措施

安全管理措施涵盖现场安全管理的各个因素，包括危险源辨识、安全技术措施、机械设备的安全管理措施、临时用电的安全管理措施、安全防护的安全管理措施、文明施工管理措施及安全检查。

施工企业通过对工程项目的全方位、全过程的危险源辨识，掌握现场存在的危险因素。根据工程特点和辨识出的危险源，要按照单位工程、分部工程、专业性强达到一定规模的危险性大的分部分项工程制订专项的安全技术措施。安全技术措施指导现场机械设备、临时用电、安全防护和文明施工的安全管理。同时，通过安全检查检查现场各项安全管理制度、安全技术措施的落实情况，消除物的不安全状态和人的不安全状态，达到安全管理的目标。

（五）安全文化

对于建筑施工安全而言，此处的安全文化是指企业安全文化。所谓企业安全文化是企业在实现企业宗旨、履行企业使命而进行的长期管理活动和生产实践过程中，积累形成的全员性的安全价值观或安全理念、员工职业行为中所体现的安全性特征、以及构成和影响社会、自然、企业环境、生产秩序的企业安全氛围等的总和。

二、建筑施工企业安全管理的主要现存问题

（一）安全责任不落实

安全生产责任制不落实，管理责任脱节，是安全工作落实不下去的主要原因。虽然企业建立了安全生产旳责任制，但主要领导和部门安全生产责任不落实，"开会时说起来重要，工作时做起来次要"的现象较普遍，安全没有真正引起广大员工的高度重视。发生事故后，虽然对责任单位的处罚力度不断加大，但是对相关责任人、与事故密切相关的生产、技术、器材、经营等相关责任部门的处罚力度不够，也直接导致责任制落实不下去。

安全管理手段单一，多数企业未建立职业安全健康管理体系，管理还是停留在过去的经验做法上。有些企业为了取得《安全生产许可证》也建立了一些规章制度，但建立的安全生产制度是从其他企业抄袭来的，不是用来管理，而是用来应付检查的，谈不上管理和责任落实。施工过程中的安全会议是项目安全管理的一个非常重要的组成部分。通过调研发现，目前施工项目有小部分能够召开一周一次安全会议，主要是讨论上周安全工作存在的问题以及下周的计划，一般不会超过一小时，但是更多的项目并不召开专门的安全会议，而是纳入整个项目的项目会，一般而言，这种项目会会持续 2 ~ 3 小时，其中安全所占的比重只有 10% ~ 20%。

（二）施工现场管理不严

现场部分管理人员日常工作标准低，对现场作业中存在的习惯性违章和一些隐患问题不敏感、不制止、不分析、不研究，无动于衷、见怪不怪，甚至有的管理人员还带头盲目乱干，导致现场普遍存在下列安全隐患：

1. 脚手架搭设不够规范

未按相关规定要求，编制施工组织设计方案、交底、验收和进行搭设；横向扫地杆搭设错误或不全；脚手板未满铺或脚手板上杂物多；立杆基础不平、不实，且无排水措施；架体与建筑结构拉撑点受力不符合规范且不牢固；架体内防护不到位或不规范；卸料平台未按要求独立搭设；违规不进行架体卸载或卸载结构不合理。

2. 模板工程及基坑支护不够重视或疏于管理

模板支撑系统不规范，支撑立杆顶部自由高度超标，水平杆连接不足，支撑垂直度差，

整体稳定性差；违规拆模现象较为普遍，没等混凝土强度达到拆模要求就开始拆模，甚至存在违规大面积拆除支撑的现象；基坑周边防护措施不得力或不周全，且未按规定对基坑及基坑周边进行全面和连续的监测。

3. "三宝四口五临边"防护不够重视或疏于管理到位

临边洞口和出入口防护棚防护不到位或防护不严；部分电梯井口防护未做到定型化和工具化架体首层立网没有进行全封闭，从而被违规兼做通道现象较为普遍，也就造成到处都存在出入口的危险；安全网普遍存在材质较差；部分作业人员高处作业未系安全带；部分工地存在对现场不戴安全帽的管理疏散现象。

4. 现场施工用电不规范

未完全落实三级配电二级漏电保护和"一机一闸一漏一箱"；线路架设不符合要求或架设于脚手架上；未使用标准配电箱，或电箱安装位置不当，漏电开关参数不匹配，且存在部分箱内无隔离开关，引入引出线路不符合要求或混乱；部分仍违规使用木制开关箱普遍存在专用保护零线未引至用电设备；还存在外电防护不到位现象。

5. 井字架搭设不规范

架体与建筑结构未按规范要求刚性连结，且普遍存在违规超高搭设部分限位保险装置不到位；部分吊篮防护不到位；部分楼层卸料平台防护不严或不稳固，且有的未能独立搭设或完全独立搭设；个别井字架首层出入口兼作通道使用；部分楼层防护门不到位或形同虚设。

6. 塔吊和外用电梯使用不够规范

部分工地塔吊和外用电梯存在违规使用，部分特种作业人员未能持证上岗或不按规定配备，且未按规定进行有关资料建档现象。

7. 用火审批制度落实不严

电气焊作业点没有配备灭火器材，也无人看火；高层消防竖管安装不及时，消防设施形同虚设，导致立管压力不够；工地楼内住人多而管理不到位，装修阶段楼内存放过多易燃易爆物品，且灭火器材配置不合理。

8. 施工安全资料造假，不按规范标准建档

方案未能认真审核和审批，不符合强制性标准规定，方案与现场实际不符分项交底和安全教育针对性不强，走过场；班前施工安全活动记录真实性不高，未能按要求由具体管理人员落实到每一个作业人员，并签名；验收未能用具体数据来说明，真实性差；安全检查凭经验的多，记录不规范，隐患整改少。

（三）分包单位安全监管不到位

《建设工程安全生产管理条例》第二十四条要求：总承包单位依法将建设工程分包给

其他单位的，分包合同中应当明确各自的安全生产方面的权利、义务。总承包单位和分包单位对分包工程的安全生产承担连带责任。分包单位应当服从总承包单位的安全生产管理，分包单位不服从管理导致生产安全事故的，由分包单位承担主要责任。部分总包单位对专业分包或劳务分包队伍把关不严、安全培训教育不重视、安全监督检查不严格，对分包队伍的安全管理工作疏于管理，也有相当一部分总包单位把工程进行分包后以包代管。多数专业分包单位是业主直接选择或行业主管部门指定的，都有特殊背景，基本上我行我素，不服从总包的管理，总包也没有很好的控制手段来制约它们，加上这些专业分包单位对自身的安全管理不重视，安全管理体系不健全，现场安全管理处在失控状态，导致分包队伍承建工程安全隐患突出。

（四）安全教育培训严重不足

现场从业人员整体素质偏低，缺乏系统培训，是安全隐患产生的最大根源。现场作业人员大多是农民工，他们安全意识淡薄，安全知识匮乏，自我保护能力低下，侥幸心理严重，易出现群体违章或习惯性违章情况，者是安全生产中最大隐患。目前绝大部分项目的新工人在进行之前的安全培训时间一般不会超过两小时，一般是以老师傅带的形式来进行，不组织专门的安全培训，有近六成的农民工没有接受过正规的安全培训。企尽管业的培训资料比较齐全，但班组长和工人接受过正规的培训非常少，企业在培训方面多数倾向于做表面文章。另一方面，现场工人来源于劳务分包企业，总包企业和劳务分包企业直接签订分包合同，总包只进行入场安全教育，不直接负责工人的安全培训。直接用工单位劳务分包企业应负责对工人进行系统安全培训，但大多数劳务分包企业对工人根本不进行培训，从农村招工过来直接到工地，工人对安全生产认识不足，缺乏应有的安全技能，盲目操作，违章作业，冒险作业，自我防护意识较差，导致事故频发。

（五）缺乏有效的事故应急机制

多数建筑施工企业和项目的《生产安全事故处置预案》及《现场处置方案》只是一纸空文，且编制后就被束之高阁。首先是编制了应急预案没有发布实施，没有开展有针对性的培训和演练；其次是应急响应和救援程序混乱；第三是没有制定有效的预防和控制措施。应急响应工作基础薄弱，体制、机制、法制不完善，大量存在应急设备设施缺乏，应急指挥机构形同虚设，机构中甚至有人已不在本项目，没有建立必要的应急队伍等问题。由于事故应急处置不到位，没有有效遏制事态的进一步扩大，没有达到降低人员和财产损失的目的一"事前无预防措施、事中无应急措施、事后无经验教训总结"。

三、建筑施工企业安全管理问题的原因

（一）建筑施工企业对生产安全不重视

建筑施工企业的安全管理是企业活动的过程，产品质量是结果，经济效益是目的。质量第一，效益至上的观念根深蒂固，片面强调企业生存发展以经济效益的增长为目的，忽略了安全生产这个过程控制的重要性。社会市场经济高速发展，"一切向钱看""生产出效益""安全只花钱"等认识导致整个的社会意识中安全概念的薄弱，安全工作说起来重要，干起来次要，忙起来不要。安全管理作为一个新领域，虽然近几年从国家到个人从政策到员工操作守则都在强化安全，但人们骨子里的重发展、轻安全的思想仍需时日和漫长的转变过程，国家依法赋予专职安全生产管理机构与专职安全生产管理人员的职责、权利不被重视，安全意识淡薄导致工作应付的多，落实的少。

经验论残余思想导致管理者对安全生产管理工作心存侥幸。多数人认为命里注定要发生的事故不是企业和个人在安全生产上努力就能避免，同样，命不该绝的即便发生事故也未必就会死。经验论认为建筑施工是高危行业，隐患、违章"无处不在"，但只要干活儿小心一些就不会发生事故，习以为常，熟视无睹，违章作业、违章指挥、违反劳动纪律非常普遍，这些都导致安全生产法律意识淡薄，安全生产管理混乱、安全生产事故多发，事故发生后，事态得不到有效控制。

为了减少建筑安全生产事故的发生，降低建筑安全生产事故的损失和影响，国家相继出台了《中华人民共和国建筑法》《中华人民共和国安全生产法》《建设工程安全生产管理条例》《安全许可证条例》《生产安全事故报告和调查处理条例》等多部法律、法规，颁布行业标准、规范、规程几十个，使安全生产管理法制化得已初步实现。但企业对于上级建设主管部门下发的文件、国家的法规等，到达企业后形成了老总认真看、主管老总仔细看、项目经理看标题，基层安全管理人员看了也白看的局面，对法律法规的掌握和落实逐级递减。上面大会开三天，下面传达一包烟，到了作业面就剩几个字，这造成了自项目经理开始到基层管理人员和直接从事作业人员安全意识淡薄，安全责任心匮乏，对生产过程中违法、违规行为没有能力发现、纠正，形成麻木不仁，习以为常的怪现象。企业责任制落实成了一句空话，各项制度措施成了一纸空文。

（二）建筑施工安全管理跟不上建筑业的发展

建筑业继续保持快速增长势头，基本建设规模快速扩大，城乡建筑增长过快，使建筑业现阶段呈现出事故高发、多发态势。这些给建筑施工安全生产带来巨大压力，而企业和项目安全管理系统、机构、人员的发展基本停留在原有水平上，都处在超负荷运转的状态下，这一安全管理发展与建筑业高速发展增长的矛盾普遍存在。建设规模高速增长，施工战线拉长，安全风险加大的形势下，建筑施工企业技术管理、安全管理人员配备和安全管

理工作不能适应企业规模发展的需要，力不从心，难以实现全员、全方位、全过程、全工序的安全监控。

（三）建筑市场环境影响建筑工程生产

我国《建筑法》规定，建筑施工安全责任几乎由建筑施工总包企业完全承担，建设单位承担的责任非常有限。近些年监理单位安全管理的职责在加大，但对专业分包和劳务分包企业的安全管理责任不够明确、具体，发生事故后处理上主要是对总包单位重罚，其他相关单位轻描淡写、不疼不痒的进行通报或罚款，导致一提及建筑施工安全普遍被认为是建筑施工总包单位的事，建设单位不认真履行安全管理职责，招投标环节不规范，不及时支付安全生产措施费用，任意调整和改变工期，抢工期、赶进度；监理单位不认真履行对施工安全的监理职责，监理人员专业素质不高、岗位资质与规范要求不符等问题勘察、设计单位对工程前期安全因素重视不足，前期地质勘察设计深度不够，重大危险因素判识不明，地质类别不清，客观上缺乏对施工单位安全生产的有效指导。目前与建设单位、监理单位和分包企业相比，施工总包企业是"弱势群体"，承担的责任最大，协调管理无法做到，导致安全很难落实到位。

建设工程项目投资主体的多元化，建筑市场秩序不规范，违法分包、非法转包、"挂靠"等现象比较普遍，建筑市场上存在着拆分项目过细、工程标价过低、不合理压缩工期等问题，特别是建筑业市场门槛儿过低，一些低水平、低素质的建筑施工企业及队伍进入建筑市场，给建筑安全造成隐患。建设单位对分部分项工程强行直接分包，要求"总包"企业的项目部统一管理。作为市场弱势的施工企业项目部只能接受。基础、结构和装修阶段"单项或多项工程"分包给无资质的个人；甚至是作业风险高、安全责任大的脚手架工程、塔吊安装顶升作业也承包给资质不健全或根本没有资质的单位或个人。这样的分包单位，一无专职安全生产管理人员，二无施工技术人员，三是固定施工人员少，工期紧张时从社会上寻找未经专业培训的"三无"人员。施工企业对此管无所管，抓无从抓，责任无法规避，给施工企业带来巨大的安全管理风险。

建筑业专业门类较多，监管职责分属不同的职能部门，目前还没有形成统一的监管体系，造成政府监管主体责任不落实。比如建委和环境保护部门，建委和安全监督管理部门，政府与担负建筑市场监管审核职能的企业等等。一是建设工程相关各行业监管职责不明确，安全监管体系不健全，监管人员配备不足，责任没有完全落实；二是各职能部门出台的政策规定职责重叠或互相矛盾或出现真空区域。三是一些地区和部门建筑安全生产管理工作相对比较薄弱，一些领域和环节存在监管盲区，如经济开发区、高科技园区、工业园区、一些城市建设重点工程和工业建设项目、城中村、城乡结合部、村镇建设工程等游离于建设行政主管部门监管之外，存在监管盲区。政府行政主管部门监督检查中，企业出现问题和隐患，周旋一番，做做工作，就能过关，未能从根本上消除隐患，也未能触动、促进企业和项目加强自律，落实主体责任，相关的行政主管部门的监管也只能是流于形式。这是市场、体制造成的缺陷，而不是个别施工单位负责人、项目负责人不履行职责或管理不善造成的。

（四）劳务分包企业安全管理制约安全生产

由于建筑行业相对而言门槛较低，且所需要的劳动力较多，因此从业人员的文化素质相对偏低，一线从业人员安全知识匮乏，安全意识弱，安全操作技能低，自我救护能力差。还有一部分管理人员和从事安全工作的人员本身也缺乏安全管理知识，安全管理水平不高，这些因素都增加了建筑业安全事故发生的可能。近年来，亿万农民进城打工，在为城市经济社会发展做出重大贡献的同时也引发了一系列日趋严重的社会问题，对规模巨大、居无定所、流动频率高的民工如何进行有效管理，趋利避害，迄今还无一套行之有效的管理办法。

据有关统计数据显示，现阶段我国建筑施工行业施工作业人员中农民工占总从业人数的八成以上，为我国农村剩余劳动力的转移和农村脱贫做出了积极贡献。由于绝大部分农民工的文化知识和安全操作技能水平较低，劳务输出地的劳动技能培训落后，农民工进城基本上处于刚放下锄头即拿砖刀、刚洗掉泥脚即戴安全帽的粗放劳动型。

我们现行的管理体制、管理方式及整个管理水平都远远跟不上发展的需要，不能有效地趋利避害，管理水平还处于低层次阶段。施工单位对民工管理的指导思想，多以歧视和限制，不是把他们当着社会主义建设者来对待；普遍采取以收费为主的管理形式，重收费轻管理的现象十分普遍；单纯强调管理对象的义务忽略了民工权利的保护；管理手段少，只是办证登记两项，而实际办证登记的并不多；全国未形成一套统一的、覆盖面广的、行之有效的管理制度。低层次的管理既不利于民工积极性的发挥，也不利于对负面影响的抑制和民工的有序流动。

虽然各级主管部门和各建筑施工企业相继出台一些政策、办法和措施，名义上只是简单的无条件保护农民工这个弱势群体，而实质上是使施工单位承担了与所得利益不对等及法律意义上并不应承担的额外的责任，恰恰造就了那些个体劳务老板们不需承担责任而尽得利益的怪圈。而且由于违章作业等农民工自身问题引起的安全生产责任事故仍频频发生，使建筑行业成为三大安全事故高发行业之一；近些年建筑施工企业统计数字和客观事实表明超过九成工伤事故是由于农民工自身的违章指挥、违章操作、违反劳动纪律造成的。在发生事故后的处罚上都是暂扣总包企业安全生产许可证多少天、停止招投标多少天，这对于实施全面管理的总包企业，有代人受过的情形。政策导向的不明确和执法部门概念的模糊也是使劳务管理出现恶性循环的根本原因。政府在基础设施建设规模无控制的日益增长与劳务供给市场的培育发展上，监管手段显得苍白无力，最终成全了那些黑心开发商和包工头，倒霉的永远是建筑单位和农民工。在这个与建设有关的市场链条上，各利益方不能最大程度的形成利益共同体，市场处在一个动荡摇摆的状态中，安全只是矛盾和问题最直观的体现形式。

（五）建筑施工企业安全生产缺少资金

施工企业之间的激烈竞争，迫使施工企业大量垫付工程款而产生高额利息；由于实行低价中标，企业为了揽到工程竞相让利，甚至不惜血本，降到成本线以下，意图从日后变更上找回或只是为了后续工程。虽然政府明确规定建设单位必须设立安全专项基金，但建筑市场仍然是买方市场，最终的所谓专项基金还是被无形的化解为施工单位的额外成本，或被以让利的形式让掉了。而且建设单位不按合同规定及时付款，人工费、材料费的增加等，造成施工成本增加、利润下降，现场绞尽脑汁偷工减料，安全生产和文明施工首当其冲，使得安全生产费用滥用、挪用等现象普遍，安全生产投入严重不足，导致现场安全防护设备不到位，劳动保护用品投入少、欠账多，造成安全隐患和事故的频发。

企业和项目领导不能正确理解安全投入与经济效益的关系。个别企业负责人对安全生产抱有侥幸心理，认为不投入未必会出事，节省下来的就是利润，认为正常的安全生产投入等于减少利润，所以就减少安全生产资金投入。谈到安全就必然牵涉到投入，很多人认为只要增加安全投入就增加了企业成本，减少了收入和利润，所以总认为安全工作是一种负效益，造成安全资金投入的不足。

（六）影响施工安全的因素多且难以控制

工程项目施工具有离散性，一线建筑工人在生产时分散于施工现场的各个部位。尽管有各种规章制度，但在面对具体问题时他们不得不依靠自己的经验做出判断。这样增加了由于工人的不安全行为和工作环境的不安全因素导致事故的风险。施工现场有多少名农民工，就至少有等量的可能危险源，项目管理人员对此缺乏有效的监管。目前的施工工艺上还是以传统的人工作业为主，施工过程中大量的作业人员在有限的空间内密集作业，工程施工中作业流动性大、露天作业多、规则性差、施工周期长、施工涉及面广、综合性强、手工作业多、劳动条件差、强度大、设施设备量多、分布分散、管理难度大、人员及其素质不稳定、施工现场安全受地理环境条件和受季节气候影响，施工现场安全影响、高处作业多立体交叉作业多等等，都给建筑施工现场安全控制带来困难。市场情况复杂，建筑施工采用的大量的机械设备、施工材料存在质量不达标的情况严重威胁安全。塔吊、施工升降机等大型设备质量堪忧，抽查合格率不高，钢管、卡扣质量普遍较差，安全防护用品假冒伪劣的多，安全网强度、阻燃性能普遍不达标，漏电开关性能不过关等产品缺陷导致的事故案例很多，多数材料是不合格的，施工单位只能被动的在不合格品种中选择相对较好的。

第五节　建筑施工的安全生产管理对策

长期以来，建筑行业就是各国职业安全事故发生率较高的工业部门之一，是特种工业生产行业。由于建筑行业的行业特殊性，这一情况在很长一段时间内都会延续。建筑行业是我国国民经济的支柱型产业之一，但是我们的经济发展在追求生产质量的同时，必然也要更为注重生产的安全性，这也是和谐社会所追求的。建筑施工的安全管理本身就是一个非常复杂的系统项目，采用传统的经验型事后管理方式无法从根本上减少建筑施工过程中的安全问题。因此，对建筑施工安全生产管理对策进行研究，具有非常重要的现实意义。

一、建设工程项目安全生产专项资金的投入及使用

安全生产专项资金是建设工程项目安全生产工作的基石。加大安全生产资金投入，根据企业安全生产的要求制定安全生产专项资金保障制度和安全生产奖惩与考核制度，确保安全生产设施及防护用品使用质量及安全生产体系的有效运行。

（一）制定建设工程项目安全生产专项资金保障制度

为加强企业的安全生产管理工作，保证安全生产专项资金的有效投入及使用，以改善劳动条件，防止工伤事故的发生，保障从业人员的生命和身体健康，进一步明确安全生产专项资金的使用与管理要求，根据《中华人民共和国安全生产法》《建设工程施工安全生产管理条例》等有关法律、法规规定，制定建设工程项目安全生产专项资金保障制度。

首先，企业财务部应单独设立"安全生产专项资金"科目，使专项资金做到专款专用，任何部门和个人不得擅自挪用。

其次，各项目部须将土建工程造价款的 1%～3% 作为专项资金，安装、装饰工程按造价 1%～1.5% 作为专项资金，每个工程项目开工前，项目部应编制安全生产资金计划，上报企业财务部、工程部、质安部及相关分管领导审批，专项资金根据不同阶段对安全生产和文明施工的要求，实行分阶段使用，原则上由各项目部按计划支配，项目部安全员提出申请，项目经理批准后实施。

专项资金用途主要包括以下几个方面。安全生产宣传教育和培训费用；安全技术措施费用；属于专项资金范围内费用的使用与报销，按企业财务部规定的有关要求，经项目部负责人审批后，方可向财务部报销，企业财务部根据项目部使用情况每季度予以汇总，并同各项目部对账，发现差错，及时核准；项目部在编制安全生产资金计划时，在充分考虑安全生产需要的同时，还要考虑利用现有的设备和设施，使得安全生产资金的投入与工程进度同步，避免安全生产资金脱节现象；企业财务部与项目部每季度出专项资金投入与使

用的报表，项目部出《建设工程项目安全生产资金投入及使用明细表》，公司财务部出《安全生产资金投入及使用汇总表》；企业对财务部与项目部专项资金投入与使用情况，由企业分管领导、财务部、工程部、质安部等负责人进行周期性的监督检查，检查内容包括项目部安全生产资金投入使用的台账、报表等；报销手续是否齐全，报销凭证是否有效；实物与账册是否相符；财务设置科目与列入科目记账是否符合要求；凡项目部编制的专项资金不足时，应及时追加资金投入，新增的计划仍按上述审批的要求执行。若项目部在工程竣工后，其专项资金尚有盈余，由项目部以福利、奖励等形式予以分配，或累计到下一个承接工程项目作为专项资金的积累。

（二）制定建设工程项目安全生产奖惩制度

为加强安全管理工作，贯彻国家有关部门对安全生产的相关法律、法规文件精神，全面落实安全生产目标责任制度，制定安全生产奖惩与考核制度，并付诸实行。建设工程项目安全生产奖励的情况。全面完成上级下达的安全生产指标，落实安全生产岗位责任制，认真贯彻执行安全生产方针、政策、法规及规章制度的；一年中未发生死亡、重伤等安全事故的；对在生产中发现的重大事故隐患及时采取措施加以整改和预防及发现违章操作及时制止的；各项目部在施工经营活动中认真贯彻执行安全生产、文明施工规章制度的；安全生产管理台账齐全，记录准确的；在安全教育培训中工作突出的，予以奖励。

建设工程项目安全生产处罚的情况。特种作业人员未持证上岗，每发现一人次处以50元罚款；违反操作规程及安全有关规定进行操作的，对直接领导处以100元罚款，对责任人处以50元罚款；接到违章通知书后未按期进行整改的项目部，处以200元罚款。出现各类事故未按规定时间上报或故意隐瞒不报的，视情节予以处罚并予以通报；安全管理资料不齐全或丢失的，视情节予以扣除奖金；对出现事故的责任人，按责任大小、情节轻重予以扣除奖金直至追究刑事责任。

二、生产安全管理制度的建立

建筑安全管理制度是建筑施工企业规章制度的组成部分，是企业管理的重要内容，是组织安全生产的重要手段，也是每个职工生产生活中必须共同遵守的安全行为规范和准则。它一方面可促使企业领导树立明确的安全与生产辨证统一的思想，在组织生产活动的同时考虑安全问题；另一方面把广大职工组织起来，围绕安全目标进行生产活动。

（一）生产安全管理制度制定的依据

国家的宏观管理。企业的微观安全生产管理应服从于宏观安全生产管理。建筑安全生产管理制度中应该秉承国家宏观安全管理中的精神和原则，体现对国家安全生产方针、法律法规和标准规范的贯彻执行。

本企业的实际状况。企业安全生产管理属于微观管理，制度的制定应充分强调适应企业的实际情况，不能照搬照抄其他企业的制度。

事故致因理论。制定安全生产管理制度的目的是通过规范安全生产行为来确保职工在生产过程中的安全，最终目的是杜绝各类事故的发生。为此需要从事故致因理论出发来考虑各项制度的建立。

（二）安全管理制度的分类

随着生产的发展和实践经验的不断积累，建筑施工行业出现了很多行之有效的管理制度。从事故致因理论的角度出发，对安全生产管理制度进行分类。

约束人的不安全行为方面的主要制度。各级、各类人员及各横向相关部门的落实安全生产责任；新工人入场二级安全教育，转场安全教育，变换工种安全教育，特种作业安全教育，班前安全讲话，周一安全活动的具体内容、学时数、组织分工、要求等，以及各级管理人员的安全教育的方法、方式、学时、组织分工等；特种作业人员的分类、取证、培训及复审等要求。

消除物的不安全状态方面的主要制度。基础施工、脚手架工程、洞口临边作业、高处作业、料具存放及化学危险品存放的安全防护要求的落实；；设备采购、设备安装和拆卸、设备验收、设备检测、设备使用、设备租赁、设备保养和维修、设备改造和报废等各项设备管理制度；临时用电的安全管理要求以及配电线路、配电箱、各类用电设备和照明的安全技术要求；安全技术措施和方案编制、审核、审批的基本要求，安全技术交底要求，安全新技术、新工艺的总结和推广要求。

同时约束人的不安全行为和物的不安全状态的制度。查劳动条件、生产设备以及相应安全卫生设施是否符合安全要求；查有无违章指挥，违规操作；查管理制度是否健全；查事故处理是否及时等。

起隔离防护作用的主要制度。安全生产保证体系，安全生产管理机构的设置及人员的配备，安全生产方针、目标及管理点的确定；劳动保护和保健的管理要求。

除此之外，企业安全生产制度还包括安全资金保障制度，对安全性进行全面评价的制度，施工安全性评价标准及与之配套的因工伤亡事故报告、统计、调查及处理制度，安全生产奖励制度，安全生产资料管理制度等。

（三）管理制度制定的原则和要求

安全生产管理制度出台实施后，既要保持相对稳定，又不能一成不变。要以严肃、认真、谨慎的态度，经过不断的实践，总结其经验教训，对安全生产管理制度不断增加新的内容。有关领导和部门要经常检查执行情况，并把存在的问题反馈到安监部门，以便对有问题的安全生产管理制度做到及时的修正。总的来说，管理制度制定应该遵循以下原则和要求。

制度要简单明了，易懂易记，一目了然，切忌冗长烦琐，难以操作；规定要切实可行，不能要求过高，脱离实际，做不到；也不能太低，不起作用；一旦公布执行，必须有其严肃性和约束力，切勿走形式；要反复宣传和教育，缩短职工素质与制度要求之间的差距；严格奖罚以保证制度的全面有效的实施。这就要求明确制定专门的奖罚制度以支持整套制度的有效实施；弄清各个制度的对象，增强针对性，避免出现分工不清，责任不明现象。

（四）安全生产管理五项制度

安全生产管理制度是企业为实现安全生产而取的组织方法。因为与安全相关的主体众多，所以制度的内容应该充分体现各相关方面的融合。根据建设部行业标准《施工企业安全生产评价标准》，建筑施工企业应该建立五项制度，即安全生产责任制度、安全生产资金保障制度、安全教育培训制度、安全检查制度和生产安全事故报告处理制度。

第一，安全生产责任制度是施工企业各项安全管理制度中最基本的一项制度。安全生产责任制度作为保障安全生产的重要组织手段，其内容包括对施工企业安全生产的职责管理要求、职责权限和工作程序，安全管理目标的分解落实、监督检查、考核奖罚做出具体规定，形成文件并组织实施，确保每个职工在自己的岗位上，认真履行各自安全职责，实现全员安全生产。

第二，安全生产资金保障制度是施工企业财务管理制度的一个重要组成部分，是促进施工生产发展的一项重要措施。为有计划、有步骤地开展安全管理工作提供了物资保障。该制度应对安全生产资金的计划编制、支付使用、监督管理和验收报告的管理要求、职责权限和工程程序做出具体规定，形成文件并组织实施。安全生产资金计划中应包括安全技术措施经费计划和劳动保护经费计划。

第三，安全教育培训是提高全员安全素质的基础性工作，是安全管理的重要环节。安全教育的对象是全体职工，上至最高管理者，下至现场操作人员。操作人员必须定期接受安全培训教育，坚持先培训、后上岗的原则。通过安全教育培训，一方面可以统一企业内部所有人员对安全生产的认识，提高全体人员搞好安全生产的责任感和自觉性，为安全工作的顺利展开奠定思想基础；另一方面，通过对安全管理和安全技术知识的掌握，可以不断提高管理人员的业务水平和基层工作人员的安全操作技术水平，为减少伤亡事故的发生提供了智力支持。

第四，安全检查是指企业生产监察部门或项目经理部对企业贯彻国家安全生产法律法规的情况、安全生产情况、劳动条件、事故隐患等所进行的检查。是发现并消除施工过程中存在的不安全因素，宣传和落实安全法律法规与标准规范，纠正违章指挥和习惯性违章作业，提高各级负责人与从业人员的安全生产自觉性与责任感，掌握安全生产的状态和寻求改进的重要手段，企业必须建立完善的安全检查制度。安全检查制度应对检查形式、方法、时间、内容、组织的管理要求、职责权限，以及对检查中发现的隐患整改、处置和复查的工作程序及要求做出具体规定，形成文件并组织实施。

第五，生产安全事故报告处理制度是安全管理的一项重要内容。企业必须对职工伤亡事故进行报告、登记、调查、处理和统计分析工作，总结和吸取安全生产的经验教训，为改善劳动条件，减少伤亡事故和正确执行劳动保护工作的方针、政策和法规、制定提供可靠的依据。

三、加强劳务分包单位的安全管理

劳务队伍是建筑施工生产作业的主力军，是安全生产的主体。目前劳务队伍大多存在人员来源广、调动多、培训少等特点，给施工现场安全管理带来了很大的难度。如何提高劳务队伍作业人员安全生产意识和能力，使劳务分包单位认真履行安全生产法律法规和有关标准是做好施工现场安全工作的重中之重。建筑施工企业应建立一套针对劳务分包企业的安全管理制度，从加强劳务队伍自身建设、总包的监督管理、安全生产保证金、绩效考核办法及奖罚等方面提出具体的要求，并对劳务单位的人员结构、成本管理、招投标都密切挂钩，通过经济手段、招标准入等劳务企业最关切的核心利益督促劳务企业切实加强队伍建设和施工过程监控，全程实施安全绩效考核和奖惩，为做好安全工作打下坚实的基础。

（一）督促劳务分包单位加强队伍建设

劳务分包单位作为建筑施工企业，必须具备《安全生产许可证》，并按要求建立和完善安全生产管理体系，配备足够的人力、物力、财力做好安全生产工作。总包单位在签订劳务分包合同时必须明确提出以下要求。

劳务分包单位企业负责人、项目负责人、专职安全员必须经主管部门安全生产法律法规和安全生产技术的培训，考核合格后持证上岗。劳务投标时，必须提供项目负责人和专职安全员的安全考核合格证书。不能提供上述证件的为不具备安全生产能力的企业，取消投标资格；按规定劳务分包单位人员超过人的必须配备专职安全员，全面负责工程作业过程中的安全文明施工，认真落实有关安全生产的法律法规和总包单位的管理规定。

专职安全员不能兼职，必须把全部精力投入到安全工作中；劳务分包单位必须聘用安全群众监督员，确保在每个班组作业过程中都有安全群众监督员实施安全监督。劳务分包单位要加强对群众安全监督员的培训、考核、监督，落实好安全群众监督员在作业面的安全监管责任；劳务分包单位应建立全体作业人员安全培训制度和班前安全教育制度。全体作业人员每年年初分工种进行《建筑工人安全生产及基本操作实用手册》的培训，经考核合格方能上岗。工地临时调动的人员进入施工现场后及时报总包单位，经入场安全教育和考核后方能上岗作业。特殊工种必须持证上岗，保证提供的上岗证件真实有效。作业前班组要进行安全教育，把班组作业过程中安全生产的要求和有关注意事项详细进行交底；劳务分包单位必须保证安全生产资金投入，依法履行安全生产责任。

采购的劳动防护用品、工具、用电设备等必须符合国家或行业标准，杜绝采购假冒伪劣产品。经总包单位检查确定为不合格产品时，应及时更换合格产品。凡是有可能从事高处作业的人员，必须配备安全带，并督促在作业过程中正确系挂；劳务分包单位的安全管理人员必须做好动态的安全管理工作，坚持每日全面检查施工作业场所，发现问题及时进行整改。作业人员安全得不到保障必须停止作业；劳务分包单位必须服从总包的管理，对总包单位提出的安全隐患、违章和不符合法律法规的问题及时进行整改，要求停工整改的必须立即停工。

（二）总包单位加大对劳务分包单位安全管理的监管

劳务分包单位进场后，总包单位应及时签订安全生产协议书，明确双方安全管理的责任和义务；总包单位应及时把安全生产法律法规和政府有关职能部门、公司的文件、会议精神传达到劳务分包单位，并做好文件收发登记或会议记录；劳务分包单位作业开始前，总包单位应把安全生产技术措施、作业注意事项等进行书面的安全技术交底；总包单位在施工过程中经常组织安全检查，监控劳务分包单位安全管理过程，存在违章和安全隐患立即督促整改，并对整改结果进行查验，确保违章隐患消除后才能继续作业。不能当时立即组织整改的，要求停止作业，并以书面形式通知劳务分包单位；公司应实行安全生产保证金制度，劳务分包单位中标后应提交安全生产保证金。

安全保证金主要用于支付因违反法律法规和总包单位的安全文明施工管理规定受到的经济处罚、安全生产投入不到位且不及时整改的情况下总包预支的费用以及因劳务分包单位的主要负责人发生事故事件时产生的直接经济损失和罚款。总包和劳务分包单位要在安全生产协议的补充条款中应明确安全保证金的扣款规定；使用企业合格劳务分包单位名单以外的劳务分包单位前，必须经安全管理部门在内的有关业务部门的考察，对劳务分包单位的基本情况、业绩、现场管理能力等综合考评，综合评定为较好以上才能使用。企业、基层项目部应建立劳务分包单位的安全优良业绩和不良记录，作为年终队伍资质年审、投标资格认定的主要依据。绩效考核的重点是是否发生事故事件、是否服从总包管理、日常安全管理状况违章指挥，违章作业情况，项目部每月要对劳务分包单位进行绩效考核，填写《劳务分包单位安全管理考核表》，每季度报企业主管部门。企业主管部门填写《劳务分包单位安全管理考核汇总表》，进行统计分析，不良业绩和绩效考核达到处罚标准时，立即下发处罚通知。

四、安全教育与培训

安全教育培训是安全管理的一项重要内容，是保证安全生产的重要的，必不可少的手段。不进行广泛深入持久的安全教育和有计划、有目标、有步骤的安全培训工作，就不能到达安全生产的目的。安全教育必须天天讲，讲彻底。安全培训工作必须严格按照安全教育管理规定和本单位的实际情况需要加以认真落实。安全教育的结果应使企业从业人员意识到安全生产的重要性，把安全生产法律、规章制度作为行为准则，掌握安全生产知识、规程、技术标准等安全生产技能。

（一）安全教育和培训的内容和形式

安全教育的内容一般包括安全生产思想教育，即安全生产政策、法律、法规教育；安全技能教育；安全技术知识教育；典型事故经验教育等。

安全生产思想教育的是为了给安全生产奠定思想基础。通常从加强安全生产方针政策、法律、法规和规章制度以及劳动纪律等方面进行。安全生产方针政策培训首先提高各级领导和广大从业人员对安全生产重要意义的认识。从理论上、思想上认识当前国家的安全生产方针政策和搞好安全生产的重要意义，增强责任感，牢固树立以人为本，关爱和维护弱势群体切身利益的思想观点。定期或不定期地对全体从业人员进行遵纪守法的培训教育，以杜绝违章指挥、违章作业以及生产活动中出现安全生产的违法违规的现象。劳动纪律教育主要是使广大从业人员懂得严格执行劳动纪律对实现安全生产的重要性。生产经营单位的劳动纪律是从业人员在生产工作时必须遵守的规则和秩序，以降低因工伤亡事故数，从而实现生产安全。

安全知识培训教育时生产经营单位所有从业人员必须具备足够的安全生产基本知识。全体从业人员必须接受安全知识教育和每年按规定学时、规定内容进行的培训。安全知识的主要是生产经营单位基本概况和安全生产规章制度等。

安全技能教育就是根据其特点，完成学习安全操作、安全防护所必须具备的基本技术能力和技术知识要求。每个从业人员都要熟悉本工种的专业安全技术知识。安全技能知识是细致和深入的知识，包含安全技术、劳动卫生和安全操作规程等。国家有关部门规定建筑爆破工、起重工及信号指挥人员、人货两用电梯司机等特种作业人员必须进行专门的技术培训，并经考试合格后，获得政府主管部门颁发的特种作业证书，方可上岗作业。

典型事故对人的触动最大，收效往往也非常显著。在开展安全生产教育的过程中，可以结合典型事故教训进行教育。组织者要注意收集本单位和外单位的典型事故案例。

安全培训教育应利用各种形式和手段，特别是安全教育工作，宜以生动活泼、丰富多样的方式，来实现安全生产这一严肃课题。安全培训的形式大体有下几种。

安全培训需把安全理论知识和安全方针、政策、法律、法规、规范、标准以及实际应用或者操作结合在一起采取授课附加研讨的方式进行；安全教育讲演式，可以是系统教学，也可以是专题论证、讨论；安全教育会议讨论式，包括事故现场分析会、专题研讨会、班前班后会等；安全教育可采用广告式，包括广告、标语、宣传画、横幅、黑板报、标识、展览等形式；安全教育竞赛式，包括口头、笔头安全知识竞赛、安全技能竞赛等安全教育活动评比等；安全教育文艺演出式，即以安全为题材自编自演的文艺节目演出的教育形式；安全教育声像式，包括安全宣传广播、电视、电影、录像、网络等；安全教育出版物式，包括书籍、报纸、杂志、安全手册；安全教育学校正规、系统教学的方式。利用生产经营单位办的专业或技能培训学校等，开办安全工程专业；安全教育展览式，通过展览物，把注意力集中到本单位近年来发生的事故上，这种展览体现了安全防范措施的实用价值。

展览与有一定目的的活动结合起来，可以得到更好效果。

（二）安全教育培训效果检查

安全教育培训效果的检查主要从以下几个方面进行。检查是否建立健全安全教育和培训考核制度；检查安全教育内容，管理人员的重点是安全生产意识和安全管理水平方面的教育，操作者的重点是遵章守纪、自我保护和提高防范事故的能力方面的教育；检查新工人三级安全教育情况，主要是检查三级教育考核记录；检查变换工种时，主要是检查变换工种的人员在调换工种时应重新进行安全教育的记录，新工种的安全技术操作规程的考核记录；检查采用新技术、新工艺、新设备施工时，应有进行新技术操作安全教育的记录；检查施工管理人员是否进行年度安全教育培训的记录；检查操作人员对本工种安全技术操作规程的熟悉程度；检查专职安全员是否进行年度培训考核及考核是否合格，未进行安全培训者或考核不合格者，是否仍在岗工作等。

（三）安全教育培训的措施

强化安全培训教育的组织领导是开展好安全培训工作的前提。从机关到基层，建立健全培训机构，由专人负责。任何形式的培训教育要都要当作一件大事来抓，正确处理培训与生产、培训与安全、培训与企业发展的关系，真正把安全教育培训工作落在实处；强化管理是进行安全培训的保证，取得的质量是强化结果。培训教育的好坏，关键取决于两个因素，即管理和质量。狠抓安全教育，保证质量，还应建立严格的考核制度和方法；调动各方面积极性，实现齐抓共管的合力。安全教育是经常性的工作，单靠职业教育、培训部门还远远不够。调动各方面的积极性实行齐抓共管的局面是确保安全教育落在实的关键；企业和单位要把安全生产宣传教育纳入宣传工作的总体布局，坚持正确的舆论导向，大力宣传党和国家安全生产方针政策、法律法规和加强安全生产工作的重大举措，宣传安全生产工作的先进典型和经验。

安全教育不仅是安全管理的一个重要方面，也是企业安全生产的核心。从企业自身抓起不断完善和创新培训制度，为实现企业安全生产提供有力的保障。

五、安全管理的实施和运行

（一）安全管理的系统过程和依据

工程项目施工安全控制主要分为两个环节：一是施工准备阶段的控制；二是施工过程的控制。在施工准备阶段，主要控制好设计交底和图纸会审，施工组织设计的审核审批，施工安全生产要素配置安全控制，及开工控制。上述控制都做好了，工程项目施工安全管理才能有基本的保证。在施工过程中，主要做好作业安全技术交底，施工过程安全控制，工程变更、施工方案变更的控制，安全设施、施工机械的检查验收。

施工安全管理控制的依据。施工安全管理控制的依据主要有四方面：一是国家的法律法规；二是有关建设工程安全生产的专门技术法规性文件；三是建设工程合同；四是设计文件及图纸会审意见。

（二）实施和运行过程的教育和培训

建筑企业职工每年必须接受一次专门的安全生产培训，企业法定代表人、项目经理，每年不得少于30学时；企业专职安全生产管理人员，每年不得少于40学时；其他管理人员和技术人员，每年不得少于20学时；其他特殊工种，在取得岗位操作证后，每年不得少于15学时；其他职工每年不得少于学时；待岗、转岗、换岗的职工，在重新上岗前学习时间不少于20学日；新的职工，必须接受二级安全教育并通过考核后才能上岗。

三级教育（三级是指公司级、工程项目级、班组级）。公司级教育包括安全生产法律、法规，安全事故发生的一般规律及典型事故案例，预防事故的基本知识，急救措施等。工程项目级教育包括安全生产标准，施工过程的基本情况和必须遵守的安全事项，施工用化学物品的用途，防毒知识，防火及防煤气中毒常识。班组级教育包括班组生产概况，工作性质及范围，个人从事生产的性质，必要的安全知识，各种机械及其安全防护设施的性能和作用，安全操作规程，本工程容易发生事故的部位及劳动防护用品的使用要求，安全生产责任制。

变换工种及转场安全教育。变换工种安全教育包括新工作岗位或生产班组安全生产概况、工作性质和职责，新工作岗位的安全知识，各种机具和设备及安全防护设施的性能和作用，新工作岗位的安全技术操作规程，新工作岗位容易发生的事故，个人防护用品的使用和保管；转场教育包括本工程项目安全生产状况及施工条件，工程项目中危险部位的防护措施及典型事故案例，以及项目的安全管理体系、规定及制度。

特种作业安全教育。特种作业安全教育主要针对电工、辉工、司炉工、爆破工、起重工、打桩工等等，必须经过本工种的安全技术教育，并且每年还有进行一次复审，同时还要接受一般安全教育。

外部施工队伍安全生产教育内容。除本单位的职工接受三级教育之外，各单位聘用外部施工工人，都必须接受三级安全教育，经考核合格后方可上岗作业，未经安全教育或者考核不合格者，严禁上岗作业。外聘人员的三级安全教育，分别由用工单位、项目经理部和班组负责组织实施，总学时不得少于24学时。

（三）实施和运行前的协商和沟通

在实施和运行前，要对安全控制的前期工作进行审查，提出具体要求，做好相关的沟通工作，这在安全控制的全过程中的地位是很重要的，也是关键的一环。在当前的法律法规和市场环境下，建筑施工企业的安全管理受到多种因素的制约，安全生产的基础依然薄弱、矛盾突出，安全工作要取得重大突破还需要政府有关部门加强服务和监管。建筑施工企业要通过协会、政府调研交流、制定法律法规时的审定等机会主动的与政府有关部门沟通和协商，把建筑业当前的市场环境和面临的主要问题等及时反映上去，促使政府行政主管部门采取措施，重点从以下三个方面强化政府的职能，为建筑业安全生产环境的改善创造有利条件。

强化政府对建筑施工安全的监管。政府及有关职能部门是安全生产的监管主体，建筑施工安全监管部门是建筑施工安全生产的监管主体。当前，建筑施工安全事故多发，安全生产形势严峻的深层次原因之一是建筑施工安全政府监管主体不明确，职责交叉，权责脱节，责任不落实。一些行业领域主体缺位，管理缺失，尚未形成统一、协调的建筑施工安全监管主体。建议在政府机构改革中切实解决建筑施工安全监管的体制和机制问题，应依据法律法规要求，在负有安全生产监管职责的有关部门中应明确相关的安全监管职责，建立健全对建筑施工领域实施由一个大部门统一监管的主体和体系。对房屋建筑和市政工程、铁路、公路、水利、电力及其他各类工业建设工程等实施统一监管。要转变政府职能，理顺监管关系，整合行政资源，形成由建设行政主管部门依法统一监管，各相关部门各司其职，各尽其职，相互配合，协调运转的大建设安全监管模式和机制。

规范建筑市场。目前建筑市场不规范，秩序混乱，严重影响建筑施工安全生产，必须实施综合治理。一是规范建设业主的市场准入制度，防止不具备经营条件的投资者作为建设业主进入市场。二是加强对市场竞争行为的监管，规范招投标行为，并明确在工程招投标中，将安全生产费用专项列出，不纳入商务竞标，并要求业主对该费用的使用管理做出明确规定。同时，改变低价中标的方式，支持合理标价中标，防止一味追求压缩投资，为企业设备更新和安全投入提供一定的空间。三是着力培育建筑二级市场特别是劳务市场等，依托地方政府开办农民工培训学校，加强劳务培训，提高农民工的安全素质和基本技能，有组织和成建制地提供劳务用工服务。四是要提高建筑市场企业准入门槛，杜绝不具备安全生产条件，资质能力差，管理混乱的企业和劳务队伍进入建筑市场从事建筑施工活动。五是依法严厉处罚违法违规分包、转包、挂靠等企业和个人行为。

建立安全生产长效机制。建立健全安全生产的长效机制是新形势下建筑施工安全生产工作的治本之策。一是联合有关部门修订、制定建筑安全生产监管的法律法规和行政规章，及安全技术标准、规程和规范等，完善安全法规标准体系。为此，建立一套适合我国国情和建筑企业安全的科学评估体系对提高我国建筑业安全管理水平显得非常必要和重要。二是研究建筑业安全状况评价指标及要素体系，形成科学综合的评价和考核体系。建立健全相关行业领域建设工程安全死亡、重伤事故信息统计分析制度，加强制度建设。三是配合有关部门切实落实建筑施工安全生产费用等经济政策措施，强化工程建设项目特别是高风险项目的安全投入，推进政策治本。四是针对新情况、新问题，深化调查研究工作，进一步加强与有关部门、地方和企业的联系和沟通，及时研究安全生产的重大倾向性、共性问题，提出针对性的工作措施和政策建议等。五是要研究建设单位全面认真履行工程建设项目安全职责的政策措施，督促落实业主在工程建设项目招投标、安全投入等方面，以及对参见设备方主体安全责任的履行加强监管。

（四）运行过程安全控制的内容和方法

做好施工前的安全控制准备后，整个安全管理才有坚实的基础。施工过程中的安全控制是项目安全管理的关键。为了做好过程安全管理，要控制好安全教育培训，坚持特种作业人员持证上岗，做好安全技术交底，重点监控重大危险源。施工现场危险部位必须设置明显的安全警示标志，监控好施工机械和安全物资，保证临时用电安全，定期检测安全检测工具，做好安全记录资料并及时建档生产过程的自检与互检，落实安全管理制度，对大型施工机械拆装、使用的监控，对安全防护设施的监控等等。

在安全控制的方法上，要注意安全技术文件、报告和报表的审核要全面细致。内容包括技术证明文件；施工方案中的安全技术措施；安全物资的验收及送检；工序控制图标；设计变更、修改图纸和技术核定书；有关新工艺、材料的技术鉴定书；工序检查与验收资料；安全问题的处理意见；现场安全技术和文件的审查审批。

施工现场监控和检查主要是工程施工中的跟踪监督、检查与控制，确保在施工过程中，人员、机械、设备、材料、施工工艺、操作规程及施工环境条件等均处于良好的可控状态。对于重要的工序和活动，还要在现场安排专人监控。检查的类型包括日常安全检查，定期安全检查，不定期安全检查，专业性安全检查，季节性和节假日前后安全检查。安全检查中包括安全意识、安全制度、安全设施、安全教育培训、机械设备、操作行为、劳保用品使用等等。检查中要善于发现问题，并做好安全检查问题的记录。对检查中发现的问题，应马上将情况反馈给相应的管理人员，对于安全隐患必须下达安全隐患整改通知书，分析产生问题的根源，整改合格后才允许继续施工。

在施工过程中，定期召开工程例会对前一阶段的工作进行总结，沟通情况，解决分歧，形成共识，做出决定。在例会中，对安全状况进行讲评，找出存在问题，提出整改措施。其他包括安全生产奖罚制，按规定程序进行工作。奖励先进，鞭策落后，生产按规定的程序进行工作，安全控制有保障。

六、安全管理的检查和纠正措施

（一）安全管理绩效的检查

安全检查的目的是验证安全保证计划的实施效果，是对安全管理绩效的检查。安全检查制度对检查的形式、方法、时间、内容、组织的管理要求、职责权限，和在检查中发现的问题如何整改、处理和复检做出具体的规定，形成文件并组织实施。

各管理层的自我检查，公司管理层对项目部管理层的检查、抽查。如前所述，检查的类型包括日常安全检查，定期安全检查，不定期安全检查，专业性安全检查，季节性和节假日前后安全检查。尤其是不定期安全检查，更能发现施工过程中存在的问题。日常检由各级管理人员在检查生产的同时检查安全，定期安全检查，项目部每周一次，分公司每月组织一次以上的安全检查，公司每季度组织一次以上的安全检查。检查的内容包括安全意识、安全制度、安全设施、安全教育培训、操作行为等等，据此确定检查的标准和评分方法。检查中要善于发现问题，并做好安全检查问题的记录。

准备阶段主要对场地内的地下管线、地下工程等进行排查，对附近的高压架空线等要采取特别的保护措施。对周围的建筑和居民住宅，在施工组织设计上要设法减少噪声、粉尘等扰民可能性。

基础施工阶段要做好技术交底，开挖方案的选择要切实考虑对周边建筑物和道路的影响，放坡比例是否合适，防止边坡坍塌的措施是否考虑周全，余泥排放是否污染周围环境，防水作业是否做好了防火和防毒的措施。

主体结构施工阶段脚手架安全检查包括脚手架主要材料和安全密目网的检查；"三宝""四口"等的使用检查与验收；临时用电的安全检查与验收；施工机械的安全检查与验收；对特殊作业必须进行技术交底和组织专家对施工方案进行论证，对材料的堆放进行检查与论证。

装修施工阶段的检查验收包括装修使用的临时脚手架是否牢固，室内洞口的防护是否有效，装修用的油漆、涂料是否挥发有毒气体；竣工收尾阶段，在竣工收尾阶段，要重点对脚手架的拆卸、起重设备的拆卸及安全通道的拆卸进行检查验收。

（二）安全管理运行过程的纠正和预防措施

安全技术措施实施情况的验收应在工程施工前验收，包括工程项目的安全技术方案，交叉作业的安全技术方案，分部分项工程安全技术措施。其中，对于一次验收严重不合格的安全技术措施应重新组织验收。验收中专职负责安全生产管理的人员必须参与，对于验收中存在的问题要及时整改，由安全生产管理人员跟踪落实。一般的设施设备验收由工程项目部组织验收，成员包括专职安全管理人员、项目部总工程师、项目部区域工程师等等。大型或重点的工程设备的验收，一般由政府相关监管职能部门负责验收，验收合格并取得相关的许可证后方可投入使用。验收中发现安全隐患的整改和再验收。在验收中发现的安全隐患，由安全检查负责人签发整改通知书，整改好后再验收。对验收中发现有可能导致重大安全事故的，必须立即停工，整改合格后方可复工。运行过程的纠正和持续改进坚持安全管理体系的 PDCA 方法。

第六节　施工现场安全标准化管理

一、施工现场安全标准化管理的定义

施工现场是作业人员、机械设备、临时用电、物料设施、安全防护设施、环境生活设施构成的一个有机整体。通过对建筑施工的特点和事故类型的分析，事故的发生是人的不安全行为和物的不安全状态及管理缺陷综合作用造成的。

施工现场安全标准化管理，就是根据建筑施工安全生产的内在规律，按照预防为主的原则，对不同的作业对象、施工环节可能发生的事故隐患采取规范化的安全技术和防范措施，消除物的不安全状态，规范人的操作行为，达到国家法律、法规、规章、规范、标准的要求。

施工现场安全标准化管理包括安全技术标准化管理、机械设备标准化管理、临时用电标准化管理、安全防护标准化管理、职业健康环境标准化管理、文明施工标准化管理。

二、施工现场安全标准化管理的意义

现场安全管理的标准化，是建筑施工企业贯彻预防为主安全方针的必然要求，是保障安全生产的根本途径，是提高施工安全水平和构建安全文明施工工地的重要保证。

首先，能够减少安全事故的发生，保障人员安全和财产损失。当前，建筑施工项目规模越来越大，施工工艺、施工技术越来越复杂，施工难度越来越强，施工危险程度也越来越高。通过现场安全管理的标准化，能够规范现场各种安全设施处于安全状态，消除施工现场的安全隐患，保障作业人员处于安全的施工环境，杜绝或减少安全事故的发生。

其次，能够提高施工企业安全管理水平。施工现场投入大量的施工机械设备、机具、设施料，参与施工的人员众多，不同工序交叉施工。通过安全管理的标准化，使设备各项安全装置齐全有效，设施料整齐摆放，安全防护设施标准配备，环境卫生干净整洁，施工现场整齐有序，作业人员遵章操作，能够创造良好的安全施工环境，构建文明施工工地，提高企业安全管理水平。

再次，能够增强企业的竞争力。施工现场是施工企业展示综合实力的平台，在建筑施工现场严格遵守法律法规和强制性标准，做到安全标准化管理，将安全生产和文明施工作为企业的市场经营策略，有利于提升企业的社会形象和长期品牌效益，增强企业的市场竞争力。

最后，能够提升企业的社会责任。施工现场是施工企业承担各类责任法律的、合同的、社会的重要场所，法律法规和行业自律公约都要求施工企业在施工现场做到标准化的安全

管理，创造良好的文明施工形象，在保证安全生产的基础上，统筹项目利润和品牌效益，取得企业利益与社会责任的双赢，更有利于社会公共利益和公共安全。

三、施工现场安全标准化管理

（一）安全技术标准化管理

1. 安全技术标准化管理含义

安全技术标准化管理是根据工程施工安全生产的内在规律，针对各种不安全因素，制订采取消除隐患的技术防范措施，达到标准、规范的要求。安全技术管理主要内容防触电、防坍塌、防物体打击、防机械伤害、防高空坠落、防火、防一氧化碳中毒、防食物中毒、防风、防滑、防冻、防风暴潮、防中暑、防汛、防扬尘、防爆等方面的技术措施管理。

2. 安全技术标准化管理的措施

（1）编制施工组织设计

建筑工程施工组织设计是在国家和行业法律、法规、标准的指导下，从经济、技术、质量、安全的全局出发，结合工程的性质、规模、工期、机械、材料、构件、地质、气候等各项具体条件，制订的涵盖工程施工方案、施工程序、施工流向、施工顺序、施工方法、人员组织、技术措施、进度计划、安全生产措施、文明施工措施的文件。

建筑工程施工组织设计是建筑工程前期的主要内容之一，是指导全局、统规划建筑工程施工活动全过程的组织、技术、经济文件，是施工生产中的一重要阶段，也是保证各项建设项目顺利地连续施工并从而多、快、好、省的完成施工安全生产任务的前提。

项目工程在编制施工组织设计中，必须编制针对本工程的安全技术措施。安全技术措施内容，要涵盖本工程涉及的安全施工的防范措施、特种作业人员持证管理、作业人员的管理、机械设备的管理、临时用电管理等，为整个工程的安全施工提供纲领性的指导依据。

（2）制订专项安全技术措施

根据工程分部分项划分，对分部工程编制针对性的安全技术措施，对危险性较大的施工项目编制专项安全技术措施。危险性较大工程有基坑支护与降水工程、土方开挖工程、模板工程、起重吊装工程、脚手架工程、拆除爆破工程等等。还有部分重危险性较大工程如建筑幕墙的安装施工，预应力结构张拉施工，隧道工程施工，桥梁工程施工（含架桥），网架和索膜结构施工，6m 以上的边坡施工，大江、大河的导流、截流施工，港口工程、航道工程以及采用新技术、新工艺、新材料，可能影响建设工程质量安全，已经行政许可，尚无技术标准的施工。

安全技术措施制订必须要考虑工程的特点、分部分项工程的特点，根据不同的作业环境、气候特点、季节天气变化以及施工顺序、次序、人员组织安排、设备设施、供电设施等情况，结合现有的安全技术规范、标准，进行编制。编制安全技术措施切忌照搬照抄安全技术规范，或其他工程编制的措施，一定要做到针对性。

（3）制订安全操作规程

根据工程项目特点，按工种制订安全操作规程。一般包括电工、电气焊工、砌筑工、拌灰工、混凝土工、木工、钢筋工、机械工、起重司索工、信号指挥工、塔司工、架子工、水暖工、油漆工、潜水员、爆破工。同时，对各种机械设备制订相应的安全操作规程。各种安全操作规程内容要齐全、规范、并且必须悬挂在操作岗位。

（4）进行安全技术交底

单位工程、分部分项工程、典型开工、推行新工艺、新技术、新材料和使用新设备，在季节变化如雨季施工、冬季施工时都必须进行安全技术交底。

安全技术交底由施工员或技术员编制并下达，向参加作业的全体人员进行交底。对于同一分部分项工程，在作业人员变化时，要对新来的人员进行安全技术交底。安全技术交底后，交底人与被交底人须在"通知书"中本人签字，对不会写字的，要按上手印，否则严禁施工。

安全技术交底的内容包括本工程项目的施工作业特点、危险源、危害因素、相应的安全操作规程、安全技术措施、安全注意事项、劳动保护、环境保护、安全生产综合应急预案、专项应急预案等。

安全技术交底要求具有针对性和可操作性，内容全面，涵盖施工的全过程，词语使用要求准确，严禁使用含糊不清的词语，严禁生搬照抄规范。施工管理人员负责安全技术交底在施工生产过程中的落实。

（二）机械设备安全标准化管理

1. 机械设备安全标准化管理的内容

机械设备安全标准化管理是根据机械设备本质安全的要求，通过制度上、技术上、管理上的措施，确保设备各装置完好可靠，操作人员遵章作业，达到标准、规范的要求。

2. 机械设备安全管理的特点

（1）种类众多

建筑施工机械设备种类众多，大致可分为动力机械、起重吊装机械、土石方机械、水平和垂直运输机械、桩工机械、水工机械、混凝土机械、钢筋加工机械、木工加工机械、板金和管工机械、装修机械、铆焊机械、手持式电动工具等。每一类设备都包含多种机械，其机械原理、使用用途、安全性能、安全操作规程等都不相同。建筑工程机械化施工的程度越来越高，施工现场机械设备的种类和数量也越来越多，多种设备协同作业较多。

（2）结构复杂

起重机、龙门吊、塔吊、物料提升机、混凝土机械、水上船舶机械等大型设备，机构复杂，体积庞大，维修保养管理难度较大。

（3）危险性大

机械伤害导致的安全事故是建筑业五大伤害之一。机器设备的转动部分轮轴、齿轮、皮带、飞轮、砂轮、电锯，在转动时所引起的绞、辗手持式电动工具发生触电大型设备垮塌、倾翻起重设备吊装作业时，吊物掉落，钢丝绳断裂等。

（4）作业环境差

机械设备都是露天作业，风刮雨淋，高温严寒，扬尘较多，对机械的各种装置损坏较大，使机械的使用寿命、工作可靠性、安全性产生不利影响。

（5）操作人员工作强度大

机械施工往往连续作业，作业环境差，操作人员工作时间过长，体力精力消耗大，疲劳作业较多。

3. 机械设备安全标准化管理的意义

人员和机械设备是施工现场重要的组成部分，机械设备自身具有很高的技术要求，存在很多的不安全因素，操作人员稍有疏忽，轻则机械损坏，重则发生破坏性事故使机械报废，甚至发生人身伤亡的事故。机械设备标准化的安全管理，能够保证设备的性能完好，消除设备自身的安全隐患，同时在使用保养维修等过程中规范人的操作行为，在施工中杜绝或减少机械事故的发生，确保机械设备及人身安全，创造良好的经济效益。

4. 机械设备安全标准化管理的措施

（1）建立机械安全技术责任制

机械设备种类众多，在管理、使用、保养、维修的各个环节，关系比较复杂，施工企业需要建立机械安全技术责任制，具体负责内容为审定机械施工方案的安全技术措施组织机械化施工中安全技术措施的落实负责机械的安全技术管理工作负责机械的安全技术交底制订设备的安全管理制度负责操作人员的培训和持证上岗。

（2）执行三定原则

三定原则即定人、定机、定岗位的原则，是落实机械技术责任制的一种制度，是机械管理中的一个重要原则。三定原则就是每台机械都有机长或者负责人，把人和机械的关系固定下来，把机械使用、保养、维修的各个环节都落实到每个人身上，做到台台设备有人管，人人有专管，人人有专责。一人管理一台机械或一人管理多台机械，该人即为机长或负责人，多班作业或多人操作的机械设备，任命一人当机长，其余为机组成员中小型机械班组，在机械设备和操作人员不能固定的情况下，由班长指定专人负责。三定原则有利于操作人员熟悉机械情况，有利于机械使用、保养和维修有利于操作人员的正确操作和安全使用，加强其责任感，减少机械的损坏和机械事故的发生，提高机械的完好率和延长期使用寿命能够提高操作人员操作机械的熟练程度及生产效率。

（3）执行三检原则

三检原则即在工作前检查、工作中观察、工作后检查保养原则。对机械进行全面全过程的安全检查，检查周边的作业环境是否满足安全作业的需要，机械各部件连接结构的稳固性各安全装置的灵敏有效性油、水、电、液压、传动、制动系统的完好性。通过三检原则能够有效地发现作业环境及机械自身存在的不安全因素，并能及时停止作业，消除危险状态，避免造成机损或人员伤亡事故。

（4）实行机械交接班制度

施工现场往往每天连续施工，昼夜不停，人停机械不停，机械多班作业或多人轮班作业，为了使交接班人员相互了解机械技术状况，需要保养维修的内容，避免接班者不知道机械存在的问题或没有及时进行保养维修而造成事故，建立机械交接班制度。机械在交接班时，双方都要对机械进行全面检查，存在的问题或注意事项、技术状况等做到项目不漏，交代清楚。操作人员不得擅离工作岗位，不准将机械交给非本机操作人员操作。

（5）遵守设备的安全操作规程

每一种设备都有各自的安全操作规程，施工企业必须对设备的操作者进行安全教育、安全培训和安全交底，使操作者熟知设备的安全操作规程，并严格执行安全操作规程。同时，企业将设备的安全操作规程粘贴或悬挂在设备便于操作者看到的位置上。

（6）特种设备的安全管理

特种设备是指锅炉、压力容器、压力管道、电梯、起重机械、客运索道、大型游乐设施。从安全角度上，特种设备是指由国家认定的，因设备本身和外在因素的影响容易发生事故，并且一旦发生事故会造成人身伤亡及重大经济损失的危险性较大的设备。施工现场使用的特种设备主要是起重运输设备。特种设备投入使用前，必须具有生产许可证、产品合格证及相应的编号、发证单位、发证、年检日期，使用说明书，并且必须经当地技术监督检验部门检验合格出具检验报告和检验合格证。特种设备的操作者必须经培训合格取得操作证书方能上机操作。物料提升机及垂直运输设备的拆装等，应单独编制专项施工方案，并且必须有相应资质的单位进行操作。特种设备的安全防护装置及检测、指示、仪表和自动报警装置、信号装置应保持齐全完好，安全装置失效或不全的禁止使用。

（三）临时用电安全标准化管理

1. 临时用电安全标准化管理的内容

临时用电安全标准化管理是根据施工现场临时用电安全技术的要求，通过制度上、技术上、管理上的措施，确保用电系统完好可靠，达到标准、规范的要求。临时用电在施工现场使用广泛，分为生产用电和生活用电，包括电缆布设、配电箱、开关箱设置、用电设备的防护。

2. 临时用电安全管理的特点

（1）动态性

施工现场施工范围、施工内容不断发生变化，用电设备跟随施工进度推进，临时用电系统就不断地随着变化。

（2）危险性

触电是施工现场五种常发生的安全隐患，电流看不见、摸不着，管理不善，很容易造成安全事故。

（3）环境差

施工现场露天作业的特点，刮风、下雨、尘土等对电缆、电箱损害很大，容易造成接线松动、电器元件损坏、电缆、设备漏电。

3. 临时用电安全标准化管理的意义

临时用电是发生安全事故较多的领域，临时用电安全管理是施工现场安全管理的重要组成部分，做好临时用电安全管理的标准化，保证现场用电系统整齐规范布设、配电装置标准配备，对于确保现场用电安全，消除用电安全隐患，避免发生触电事故发生具有重要意义。

4. 临时用电安全标准化管理的措施

（1）制定用电管理制度

项目工程要制订临时用电管理制度。施工现场必须根据工程特点，分阶段或分区域编制临时用电施工组织设计，接线拆线作业必须由经过国家现行标准考核合格后的电工进行，必须做到三项基本原则：一是必须采用 TN-S 接地、接零保护系统；二是必须采用三级配电系统；三是必须采用两级漏电保护系统现场必须使用标准配电箱、开关箱按照分部分项的作业程序对现场用电人员进行安全技术交底对用电系统进行验收进行日常检查、检测建立用电技术档。

（2）编制临时用电施工组织设计

施工现场临时用电设备在 5 台及 5 台以上或设备总容量在 50kW 及 50kW 以上者，应编制临时用电施工组织设计临时用电设备在 5 台以下或设备总容量在 50kW 以下者，应编制安全用电技术措施和电气防火措施。临时用电施工组织设计对规模大的工程应分区域分别编制，并应根据施工现场具体施工进度情况进行变更。临时用电施工组织设计包含现场勘测电源进线、配电装置、用电设备位置及线路走向用电负荷计算选择变压器设计配电线路，选择导线或电缆，设计配电装置，选择电器，设计接地装置，绘制电气平面布置图，电器系统图，设计防雷装置安全用电技术措施等内容。临时用电施工组织设计由电气技术人员编制，经项目总工审核，报施工企业上一级部门批准后实施。负荷计算依据用电设备的容量、类别、分组、运行规律等，采用需要系数法进行计算。

（3）进行用电系统的验收和检测、检查

用电系统布设完毕，要有专业电气技术人员进行验收，是否符合用电标准、规范，并填写验收记录。临时用电工程按照分部分项工程定期进行检查，对安全隐患必须及时处理，并应履行复查验收手续。电工每日对用电系统、线路进行巡查，并测试漏电保护器和接地电阻。开关箱内的漏电保护器其额定漏电动作电流应小于 30 毫安，额定动作时间应小于 0.1 秒。总配电箱中漏电保护器的额定漏电动作电流应大于 30 毫安，额定动作时间应大于 0.1 秒，额定漏电动作电流和额定动作时间的成绩不大于 30 毫安秒。重复接地。每处接地电阻值不得大于 10 欧姆。电力变压器低压侧中性点直接接地的接地电阻不大于欧姆。电气设备和电缆线应定期检查，不准带病运转。

（4）建立用电安全技术档案

工程项目应有电气技术人员建立管理用电安全技术档案，内容包括用电组织设计的全部资料修改用电组织设计的资料用电技术交底资料用电工程检查验收表电气设备的试、检验凭单和调试记录接地电阻、绝缘电阻和漏电保护器动作参数测定记录表定期检查复查表电工安装、巡检、维修、拆除工作记录。

（四）安全防护标准化管理

1. 安全防护标准化管理的内容

安全防护标准化管理根据安全生产的内在规律，按照预防为主的原则，对施工现场的危险因素采取防范措施，消除物的不安全状态，达到规范、标准的要求。安全防护管理包括劳动防护用品管理和安全防护设施管理

2. 安全防护管理的特点

（1）预防性

安全防护设施是按照预防为主的方针采取的措施，具有预防性。

（2）强制性

建筑施工现场高危险性，决定安全防护设施是保障人员作业安全的基本措施，具有强制性。

（3）固定性

在施工过程中，安全防护设施设置或配备以后，是固定不变的，随着工程的结束方不再使用。

3. 安全防护标准化管理的意义

建筑施工现场危险性高，各种机械、用电设施、材料等大量使用，高处作业、临边作业、交叉作业、特种人员作业较多，高处坠落、物体打击事故发生概率较大，在施工中配备标准化的各项安全防护设施和劳动保护用品，能为作业人员提供安全的作业环境，保护人员的安全。

4. 安全防护标准化管理的措施

（1）正确佩戴符合标准的劳动保护用品

劳动保护用品是指在建筑施工现场，从事建筑施工作业的人员使用的安全帽、安全带、安全鞋（绝缘、防砸、防滑）、防护眼镜、防护手套、绝缘手套、防尘口罩。

劳动保护用品是保护作业人员在作业过程中的安全和健康所必需的一种预防性装备，其质量必须要符合国家标准的要求，务必安全可靠。施工企业要建立、健全劳动保护用品的购买、验收、保管、发放、使用、更换、报废的管理制度。

进入施工现场的所有人员必须佩戴安全帽，安全帽要正确佩戴，尤其是要系好帽带，防止脱落，在高处坠落或物体打击时起到保护作用。凡在 2 米及 2 米以上进行高处作业、临边作业的人员，必须系好安全带，并确保高挂低用，并穿好防滑鞋。在使用安全带以前，必须对安全带进行检查，确保能够起到防护作用。

电工、电焊工、气焊工、对接焊工、所有手持式电动工具的操作者必须穿绝缘鞋、戴好绝缘手套。电焊工、气焊工、对接焊工还要佩戴好护目眼镜。

（2）危险区域设置好标准化的安全防护设施

在施工现场高处作业、临边作业、交叉作业及各种洞口处设置安全防护设施高处作业安全防护的核心是提供作业平台，并做好临边安全防护，同时作业人员系好安全带。高处作业的安全防护措施应在施工方案中确定，可采用搭设外脚手架、悬挑脚手架、定型化移动式脚手架、吊篮等设施。高处作业达 4 米及以上时，作业点下方应设置安全平网，随着建筑物的高度的增加安全网也要相应的提高。

临边作业安全防护搭设防护栏杆。防护栏杆搭设钢管，应由上、下两道横杆及栏杆柱组成，上杆离地高度为 1.0 ~ 1.2m，下杆离地高度为 0.4 ~ 0.6m，栏杆柱与地面平台面的固定以及与横杆的连接牢靠，栏杆柱应保证上横杆任何处能经受任何方向的 1000N 外力。防护栏杆自上而下用密目网封闭严密，在栏杆底部设 18cm 高挡脚板，防护栏杆可以使用脚手管也可以使用定型化标准化的成品护栏，防护栏杆要刷红白油漆或黄黑油漆，起到警示作用。

楼梯口、电梯口、预留洞口必须设防护栏杆或盖板并布设安全网正在施工的建筑物所有出口，必须搭设板棚。通道口上部搭设防护棚，棚的宽度宽于出入口两侧各 1 米，棚的长度一般为 3 ~ 5 米。防护棚侧立面用密目网封闭，防护顶棚满铺两层脚手板，两层脚手板间距 50cm，下层脚手板下兜挂安全平网。通道口醒目处悬挂警示标志。施工中应避免在同一垂直方向上下交叉作业。必须交叉作业时，下层作业的位置宜处于上层高度可能坠落半径范围以外，当不能满足要求时，应设置安全防护棚。

（五）文明施工标准化管理

1. 文明施工标准化管理的内容

施工现场，安全管理和文明施工密不可分，安全须得文明，文明保障安全，安全和文明施工共处一体，组成了安全文明施工的共同体。创建文明工地，实施文明施工标准化管理，推行文明施工和文明作业，保持施工井然有序，确保施工安全生产。

文明施工标准化管理就是为保障作业人员健康安全，在施工现场为作业人员创造符合标准的生产和生活环境。文明施工管理包括生活办公临建设施管理、施工现场围挡、门卫管理、场地道路管理、设施料管理、环境管理、安全标牌管理。

2. 文明施工标准化管理的意义

施工现场大多是露天施工，作业环境、生活环境较差，脏、乱、差的施工现场条件和生活条件是引起安全隐患的另一个方面。不良的环境容易使人疲劳，产生焦虑和烦躁等负面情绪，从不同程度上影响操作的准确性和安全性，成为安全施工的隐患。生活区卫生条件不足，容易滋生蚊蝇，产生细菌病毒，对人的健康损害较大。达不到条件的取暖、降温设施，使作业人员休息不足，容易疲劳作业，注意力不集中，也容易在作业过程中发生事故。此外，现场废水、尘毒、噪音、振动、坠落物不仅会给人带来安全、健康方面的影响，还会加速机械设备的损耗，导致机械设备不能正常运行，导致事故发生。因此，实现职业健康环境管理的标准化，为操作者创建良好的施工环境和办公、生活环境，是提高安全管理工作的一个重要方面。

3. 文明施工标准化管理的措施

（1）成立文明施工领导小组，建立文明施工保证体系

成立文明施工领导小组，建立文明施工管理责任制，保证文明施工的资金投入，加强施工现场管理，创建文明工地，实现文明施工标准化。

（2）规划好施工现场总平面布置

充分考察现场及周边实地情况原有建筑物、构筑物、道路、管线等，针对现有条件科学合理的布置施工现场，完成施工现场平面布置图的设计，设计满足消防、施工、环保的要求。

施工区、加工区、材料堆放区、办公区和生活区明确划分，并设置标准的分隔设施，采用封闭管理，场地较大的现场设置导向牌。办公区和生活区与施工区要保持安全距离，不能保证安全距离的，要采取可靠地防砸措施。按照施工现场平面布置图进行布置，施工场地内的一切临时建筑及物品，严格按图定位设置，做到图物相符。根据施工进展，适时对施工现场进行整理及必要的调整。

（3）标准化配置办公区、生活区

办公区、生活区的临建设施包括办公室、会议室、宿舍、食堂、、厕所、淋浴间、开水房、文体活动室、密闭式垃圾站或容器、盥洗设施及其它设施。临建设施不能超过2层，要使用彩钢板房，屋顶用防火材料覆盖，做到稳固、安全、清洁，并满足消防要求，间距要在6米以上，保证消防通道的畅通，地面要采用混凝土硬化或硬铺装，做到没有黄土暴露及不扬灰尘，并且具备良好的防潮、通风、采光等性能。

宿舍必须设置可开启式窗户，设置外开门，保证有必要的生活空间，冬季要有保暖设施，采用集中供暖或空调供暖，不得使用电暖气、电褥子、煤炉、电炉等取暖设备。夏季应有降温措施，设置空调或有防护罩的电风扇。

食堂符合卫生防疫标准，领取卫生许可证，食堂操作人员持有效身体健康证，保证食

物干净卫生。食堂要设置隔油池、必要的排风设施和冷藏设施，煤气罐应单独设置存放间，严禁存放其它物品。食堂外设置密闭式泔水桶，及时清运，保持清洁。食堂要有防鼠设施，防蝇措施。

厕所的大小必须依据现场人员的数量设置，要设置水冲式或移动式厕所。地面应硬化，门窗齐全，夏季应有防蚊蝇措施，蹲坑间设置隔板。厕所要有水源供冲洗，同时设置简易化粪池，加盖并定期喷药消毒，防止蚊蝇滋生，每日有专人负责打扫、清理、冲洗。

设置淋浴室，配备足够数量的淋浴喷头，满足作业人员定期洗澡，淋浴室内设置衣柜或衣架。配备电视机、书报、杂志及必要的健身娱乐设施，使作业人员以保持好良好的精神风貌。

设置保健卫生室，配备保健药箱、常用药及绷带、颈托、担架等急救器材。配备兼职或专职的急救人员，处理伤员和职工保健，对生活卫生进行监督和定期检查食堂、饮食等卫生情况。急救人员要有急救人员培训合格证。利用板报等形式向作业人员介绍防病的知识和方法，做好卫生防病的宣传教育工作，针对季节性流行病、传染病等。

设置足够的垃圾池和垃圾桶，定期搞好环境卫生、清洗垃圾，生活区、办公区有专人定时打扫，排水沟专人负责定时清理。

（4）施工现场文明施工标准化

现场文明施工标准化管理包括全封闭围挡、门卫管理、场地道路管理、设施料管理、环境管理、安全标牌管理。

围挡应沿工地四周连续设置，做到稳固、安全、整洁、美观。围挡材质使用砌体或者定型钢板，有基础和墙帽，主要景观路段围挡高度不得低于 2.5 米，其他区域不得低于 1.8 米。围挡应做到封堵严密，底部设有挡板。路口、转弯处使用可透视的格栅板网封闭。

施工现场设置固定的出入口，装设大门。建立健全施工现场安全保卫制度，设置专职门卫保卫人员，落实治安管理责任人。建立来访登记制度，不准留宿闲杂人员。施工现场的管理人员、作业人员一律佩戴工作卡，统一着装，统一安全帽。安全帽与胸卡颜色一致，领导层、管理层和操作层有区别，以便于管理。物料进出现场应实行登记制度。

现场场地及道路地面进行硬化，有循环干道，路面厚度和强度满足施工和行车需要及消防通道要求。道路做到平坦通畅，无坑洼和凹凸不平，雨季不积水，设置相应的安全防护设施和安全标志、警示标志、指示标志。

严格按照施工现场平面布置图划定的位置堆放成品、半成品及原材料、料具、构件，有明显的分区标示，做到图物相符。材料对方地区地面平整、坚实，有排水措施，符合安全防火要求。材料堆放要按照品种、规格分类整齐堆放，并悬挂名称、品种、规格等标牌。砂石等散体材料的堆放必须砌筑 50 厘米高的实体挡墙，工程土、砂石料、水泥等已引起扬尘的粉尘源用密目网遮盖。

施工操作地点和周围做到工完场清，丢撒的砂浆、混凝土及时清除。施工现场严禁乱堆垃圾及余物，零配件、边角料和水泥袋、包装纸箱等及时收集清运，保持现场卫生状况的良好，做到场容整洁、美观。现场洒水，消除扬尘。

　　在大门口处设置整齐明显的"五牌一图"，即工程概况牌、文明施工牌、组织网络牌、安全生产牌、消防保卫牌、施工总平面图。在施工工程区域内设置一切必要的安全标志牌，根据现场施工情况绘制安全标志牌分布图，并按图布设。在施工现场布设危险源提示牌，提示警示作业人员本施工区域内存在的危险源及安全注意事项。各种标牌统一制作，做到整齐、有序、规范。

第六章　建筑工程施工危险源的辨识与管理

第一节　危险源概述

一、危险源概述

危险源是一个概念简单而又内容复杂的词汇，它是造成各类事故的直接原因，也是项目安全管理研究和实践的重点。作为有效实施安全管理的关键，危险源一直是处在事故链的起端位置。所以，掌握住危险源的内涵和基本规律就可以很好的控制事故的发生概率。首先来看一下普遍认知中的危险源的相关内容。

（一）危险源的定义

危险源是指一个系统中具有潜在能量和物质释放危险的、可造成人员伤害、在一定的触发因素作用下可转化为事故的部位、区域、场所、空间、岗位、设备及其位置。它的实质是具有潜在危险的源点或部位，是爆发事故的源头，是能量、危险物质集中的核心，是能量从那里传出来或爆发的地方。危险源存在于确定的系统中，不同的系统范围，危险源的区域也不同。例如，从全国范围来说，对于危险行业（如石油、化工等）具体的一个企业（如炼油厂）就是一个危险源。而从一个企业系统来说，可能是某个车间、仓库就是危险源，一个车间系统可能是某台设备是危险源；因此，分析危险源应按系统的不同层次来进行。一般来说，危险源可能存在事故隐患，也可能不存在事故隐患，对于存在事故隐患的危险源一定要及时加以整改，否则随时都可能导致事故。

（二）危险源的特点

从大范围来讲，者某个人出现差错。事故的出现是必然的，这也说明危险源的存在势必会导致某个过程或自古以来，危险源作为一个单纯的概念就不曾消失过，代和科技的进步出现在某个不曾让人留意的角落，继续其隐患之路。但是，反而会随着时危险源也是有其比较鲜明的特点的，掌握住这些特点就可以更好地进行危险源的辨别、评价和管理。

1. 多样性

危险源的多样性不仅是指概念的多样性，更是说危险源作为具体的实物或过程具有多样性。所谓概念的多样性是说危险源可以有很多种直觉性的认识，比如既可能被认为是实物，又可能被认为是一个环节，还能被认为是一个体系。第二种多样性则是从绝大多数行业的危险源上来表现的，具体就体现在种类多、数量多、关联多等等。这种多样性也导致实际工作中很难对危险源进行很好的监控和处理。

2. 隐蔽性

危险源之所以危险，一个很重要的原因就是它具有隐蔽性。在发生破坏作用的初期不会有明显的声音、味道、外观、行为、语言上的变化。形成破坏的过程中，无论是慢性的变化还是突然的变化，几乎所有的危险源都不为人知。这种特点造成了很多事故的发生。

3. 欺骗性

危险源不仅危险在其隐蔽性上，还有很多事故是被危险源的伪正常状态欺骗才导致的。危险源之所以有欺骗性，是因为危险源所处的过程或者代表的客观存在是施工中所必备的，而且其正常状态和非正常状态的时间或空间间隔很小。让人很难意识到这就是危险所在，也就造成了危险源对项目管理人员的欺骗。

4. 互联性

危险源之间经常具有互联性。要么是危险源制造破坏时产生连环破坏，要么多个危险源是协同工作的需求。因此，危险源很难成为一个独立的事故源头，更多种情况下是由多个因素共同造成的事故。这也给危险源的辨识与管理造成了很大障碍。

5. 易触发、破坏大

从大量事故的调查结果来看，危险源产生破坏作用时所受到的推动力一般都是很小的。但是这个很小的推动力却推动到了危险源爆发环节的导火索上，从而轻易地制造了事故。而且一旦制造事故，必然会关联更多事故的发生，进而形成较大的事故群。

6. 可预见性

尽管危险源有以上众多敏感的特性，但是鉴于大量工程经验，以及现代化的技术和管理水平，绝大多数危险源是可以预见的。因为项目范围是有限的，所能产生破坏的危险源也是有限的，做好调查和分析，在实施施工中做好检查监测等环节，可以将危险源发生破坏的概率降低到最低限度。如果能对危险源进行科学的辨识和管理，并将结果应用到实施工程的管理环节上，这种可预见性可以产生很大的保护效果。

（三）危险源的构成要素

危险源是导致事故的根源或状态，是可能通过一系列过程导致人员伤害、财产损失或工作环境破坏的不安全因素。危险源应由三个要素构成：潜在危险性、存在条件和触发因素。危险源的潜在危险性是指一旦触发事故，可能带来的危害程度或损失大小，或者说危险源可能释放的能量强度或危险物质量的大小。危险源的存在条件是指危险源所处的物理、化学状态和约束条件状态。例如，物质的压力、温度、化学稳定性，盛装压力容器的坚固性，周围环境障碍物等情况。触发因素虽然不属于危险源的固有属性，但它是危险源转化为事故的外因，而且每一类型的危险源都有相应的敏感触发因素。如易燃、易爆物质，热能是其敏感的触发因素，又如压力容器，压力升高是其敏感触发因素。因此，一定的危险源总是与相应的触发因素相关联。在触发因素的作用下，危险源转化为危险状态，继而转化为事故。

1. 存在条件

危险源的存在条件有两个含义：一是危险源是工程项目所必需的；二是指危险源所处的物理、化学状态和约束条件状态。

经过多年的实践和发展，对危险源的改进和控制已经比较成熟。但危险源之所以危险，就是这些危险源在储存如堆放位置及方式、通风及遮盖条件等、物理化学特性如压力、爆炸极限、有毒有害性等、设备状态如保养周期、使用年限等、防护条件如防护措施、故障处理流程及措施、安全装置、安全标识等、操作条件、管理条件如计划、组织、协调、控制等等方面在较长的一段时间内已经无法在技术上得到很大改进了，但目前的状态仍有可能产生隐患。另外，这些危险源又是生产经营所必需的，这也就造成其危险源的存在是必然的。

2. 潜在危险

在存在条件要素里，鉴于各种条件的约束和限制，危险源无法得到百分之百的控制。这也就意味着危险源是存在着潜在危险性的。一旦这种潜在危险性被触发，就有可能导致事故的发生，进而带来程度或损失大小不一的危害。

危险源的潜在危险因素大多数会被人认识到，但因为这种危险因素被触发的可能性较小，所以在大量的生产经营过程中会被忽视，甚至忽略。如果从心理上到认识上，甚至是制度上都没有对这种潜在危险因素进行重视，那被触发的概率就大大增加。

3. 触发因素

既然危险源是生产经营过程中所必需的，其存在条件也无法保证完全不出问题，那么就必然会有一些触发因素使得危险源逐步发展为事故原因。这些触发因素的种类很多，发生作用的方式也不完全一致，总结起来可以有以下几种。

（1）物的故障

物的故障是指机械设备、装置、元部件等由于性能低下而不能实现预定的功能的现象。从安全功能的角度，物的不安全状态也是物的故障。物的故障可能是固有的。由于设计、制造缺陷造成的；也可能由于维修、使用不当，或磨损、腐蚀、老化等原因造成的。

（2）人的失误

人的失误是指人的行为结果偏离了被要求的标准，即没有完成规定功能的现象。人的不安全行为也属于人的失误。人的失误会造成能量或危险物质控制系统故障，使屏蔽破坏或失效，从而导致事故发生。

（3）环境因素

人和物存在的环境，即生产作业环境中的温度、湿度、噪声、振动、照明或通风换气等方面的问题，会促使人的失误或物的故障发生。

一起伤亡事故的发生往往是两类危险源共同作用的结果。第一类危险源是伤亡事故发生的能量主体，决定事故后果的严重程度。第二类危险源是第一类危险源造成事故的必要条件，决定事故发生的可能性。两类危险源相互关联、相互依存。第一类危险源的存在是第二类危险源出现的前提，第二类危险源的出现是第一类危险源导致事故的必要条件。因此，危险源辨识的首要任务是辨识第一类危险源，在此基础上再辨识第二类危险源。

触发因素是危险源转化为事故的主要推动力，但不属于危险源的固有属性。而且每一类危险源的敏感触发因素都不尽相同。既有可能是人为因素、也有可能是管理及自然因素，或者一是多种因素共同发生作用，使得危险源作用转变为危险状态，在某个时候会转为事故。

（四）危险源的分类

我国《生产过程危险和危害因素分类代码》GB/T13816-92 中，将生产过程中的危险和危害因素大致分成 6 类，分别是物理性危险、危害因素，化学性危险、危害因素，生物性危险、危害因素，心理与生理性危险、危害因素，行为性危险、危害因素以及其它危险、危害因素。

在 1987 年 2 月 1 日正式开始实施的《企业职工伤亡事故分类》一中，给予了较为明确的名词术语解释、事故类别、伤害分析、伤害程度分类、事故严重程度分类以及伤亡事故的计算方法等等。其中对事故的类别划分了 20 个类别，分别是物体打击、车辆伤害、机械伤害、起重伤害、触电、淹溺、灼烫、火灾、高处坠落、坍塌、冒顶片帮、透水、放炮、瓦斯爆炸、火药爆炸、锅炉爆炸、容器爆炸、其他爆炸、中毒和窒息以及其他伤害。每个事故类别的引发原因都多种多样，危险源的作用方式和程度也有较大差别，因此很多国家的学者和行业组织对危险源的分类有很多不同的区分方式和分类内容。

（五）危险源的引发机理

当前国内外的研究认为，安全问题是由事故引发的，事故的发生是危险源在特定触发因素下造成的。而危险源的引发机理则可以从三个理论上得到解释。

1. 因果连锁理论

随着管理理论的深入研究，二战后，人们逐渐认识到管理因素作为关键原因在事故致因中的中重要作用。博德在研究海因里希事故因果连锁理论的基础上，认为人的不安全行为或物的不安全状态是工业事故的直接原因，必须加以追究，进而提出了现代事故因果连锁理论。他提出的事故连锁过程为管理失误—个人因素及工作条件—不安全行为不安全状态—事故—伤亡。

2. 能量意外释放理论

在工程项目施工过程中，具有很多带有各种能量的载体。这些载体或者是本身自带，或者是被人为赋予的，只要这种能量意外地被释放出来，那么就可能制造出冲击、碰撞、穿刺、夹击、腐蚀、毒害等作用，进而引发事故。在建筑项目施工现场，以下几类情况都有可能导致能量的意外释放，比如施工物料本身的物理化学危险性施工中势能的积聚施工中电、火能量的危险性施工工艺危险性等等。

3. 时空交叉理论

危险源爆发必须在时间吻合，空间吻合的情况下，才能够对对象造成伤害。通过研究危险源和伤害对象之间的时空关系可以发现，只要时间或空间上错开危险区域范围就可以保证不发生事故。因此，通过合理布置施工现场、调整作业工序、加强多视角观察等手段可以有效地避免危险源的时空交叉。

二、工程项目施工现场的危险源

本节对危险源的研究范围限定在我国的建设工程项目领域。施工现场是工程项目运转的主要场所，也是工程项目各项目标实现的关键环节。在很多项目中，施工现场的管理几乎等价于工程项目的管理。因此，要研究工程项目的危险源问题就必须抓住施工现场这个重点场所来进行考虑。

（一）施工现场施工事故概述

施工现场的危险源在某种情况或某些组合情况的推动下会导致施工事故。要保障施工的安全，降低施工事故发生的概率，不仅要研究危险源的自身分类和特点，还要研究施工现场的特点，以及危险源在什么情况才才会导致施工事故。进而才能反过来对我们辨识并控制危险源提供可靠的思路。

（二）施工现场的内容

施工现场一般来讲是指从事建筑工程项目施工中任何工序或作业的场地。作为最常见的施工现场，它应该具有以下几部分主要内容。第一，有固定的项目场地区域范围，并对该范围内的区域实行保护性的隔断布置；第二，有固定的出入口，人员、材料、机械的进出皆由此通行；第三，有规划的材料堆放区域、材料加工区域、施工区域、办公及住宿区域等等；第四，有施工前的三通一平，即水通、电通、路通和场地平整；第五，有多方指派来进行施工、管理、监督、检测、维修和保养的各类技术及管理人员；第六，有工程项目设计建设的标的物。

从以上内容可以看出，施工现场是在规定的区域范围内进行工程项目施工作业的场地。它具有功能完备的平面布置规划，有相关人员为了某个建设目标进行施工和管理，因此施工现场是一个复杂的、目标明确以及时空特点明显的场所。

（三）施工现场施工事故的特点

施工现场集中了大量不同种类的物资、交叉作业的机械设备和活动范围较大的操作工人，各种不安全因素和潜在的职业危害非常多，随时都有可能发生各类事故，危及工人生命，给国家财产和人民生命安全造成损害，而工程事故的主要发生场所也是施工现场。因此，加强对施工现场安全管理问题的研究和实践是提高工程项目安全管理水平的关键。现如今，我国施工现场施工事故的特点主要有以下四点。

1. 破坏性及影响大

建筑施工项目中一旦发生事故，其事故性质往往较大，并极有可能会导致人员伤亡或者财产损失，进而延误施工进度，并造成较大的社会影响。

2. 原因复杂

在实际的工程项目施工过程中，影响工程项目安全生产的因素很多，这些因素错综复杂，经常表现为组合推动事故的形成。即便是同一类的施工事故，也要根据发生的背景、操作人员、机械、材料、环境等多方面的因素来分析事故发生的原因。

施工事故产生原因的复杂性给处理、分析、评价判断事故的性质及原因增加了很大难度，而且由于工程项目的建设具有不可逆性，所以部分事故原因分析时还要考虑工程项目已施工完成的部分是否存在问题，但这往往由于隐蔽工程的因素而无法考量。

3. 可变性

工程项目的部分事故是突然发生破坏性变化而造成的，还有另外一些事故是随着时间而不断变化的。所以，监测已经成为工程项目施工过程中非常重要的环节。即便如此，对变化的掌控程度，以及监测的周期问题都会影响对危害的判断和应急处理。所以，一定要重视事故隐患的可变性，采取有效的技术和管理措施，避免事故隐患的恶化。

4. 多发性

目前在工程项目的施工过程中，经常会有类似的事故或在某些工序环节上出现事故。经国内外研究，由各种因素造成的主要安全问题可以分为高处坠落、机械伤害、物体打击、触电、坍塌等。这些安全问题的产生根源有很多，既可能是人的因素，也可能是物的因素，更多的是多个因素的相互推动。因此，对于这些经过统计是属于多发性的事故，在工程项目的施工和管理过程中应该提前做好准备工作，加强教育，吸取经验教训，采取果断的预防措施，控制事故的发生。

（四）施工现场的危险源

无论是从具体的事物，还是从复杂的管理系统来讲，施工现场的危险源很多。如果仅将危险源的概念层次定位在发生事故的直接原因上，除了上面提到的高处坠落、机械伤害、物体打击、触电、坍塌五个多发性因素外，还有很多具有涉及行业特点以及管理方面的因素。以下将对这些危险源进行简要解释。

1. 高处坠落

根据《高处作业分级》（GB/T3608-2008）的规定，高处作业是指在坠落高度基准面2m 以上（含 2m）有可能坠落的高处进行的作业。高处坠落是在高处作业的情况下，由于人为的或环境影响的原因导致的坠落。该危险源的突发概率以及发生后造成的伤亡率很高。高处坠落导致的事故就占了当月全国建筑安全事故的 60% 以上。根据高处作业者工作时所处的部位不同，高处坠落事故可分为以下几种。

（1）临边作业高处坠落事故

现在在高处作业的工作区域内都要求布置安全防护措施，但是不可避免地会由于安全防护措施失效，或者施工人员未按安全要求进行正规的施工作业等因素造成临边作业高处坠落事故。

（2）洞口作业高处坠落事故

工程项目施工过程中会存在大量便于施工交通或材料运输所用的孔洞，包括竖向的和横向的。但在建筑物内时，因为光线昏暗、视觉盲区、行为失误等原因会造成施工人员误入孔洞，从而导致洞口作业高处坠落事故。

（3）攀登作业高处坠落事故

攀登作业是工程项目施工的必备作业方式，如果忽视安全防护要求，不佩戴安全防护用品，使用劣质支撑管材板材，手脚打滑，那么就极易造成攀登作业过程中的安全事故。

（4）悬空作业高处坠落事故

这种情况下经常会受到大风、悬空装置的影响，造成悬空装置失控。还有一些情况是施工人员在悬空作业时需要更换施工区域，采用的更换办法不当，这也会造成一些安全隐患，甚至是高空坠落事故。

（5）操作平台作业高处坠落事故

操作平台作业出现事故的主要情况有操作平台失稳、操作人员身体失衡、环境影响等等。在操作平台作业时，经常需要更换施工位置，这也就要求施工人员不停地更改安全装置的固定位置，一旦出现麻痹思想而不采取保护就很容易出现高处坠落。

（6）交叉作业高处坠落事故

很多种情况下，在高空作业时是需要以上几种作业方式交叉作业的，这就提高了交叉作业时出现危险的概率。因此，必须要加强安全教育、并在高处施工时安排合适的施工进度要求。

2. 机械伤害

机械伤害是工程项目施工过程中的常见伤害之一，主要指机械设备部件、工具、加工件直接与人体接触引起的夹击、碰撞、剪切、卷入、绞、碾、割、刺等形式的伤害。

施工现场在钢筋下料处理、混凝土浇灌、各类切割和焊接过程中需要用到大量机械设备。易造成机械伤害的机械和设备主要有运输机械，钢筋弯曲处理机械、装载机械，钻探机械，破碎设备，混凝土泵送设备、通风及排水设备、其他转动或传动设备等等。尤其是各类转动机械外露的传动和往复运动部分都有可能对人体造成机械伤害。

3. 物体打击

物体打击指由失控物体的惯性力造成的人身伤亡事故。工程项目的施工进度一般都比较紧张，这就使得施工现场的劳动力、机械和材料投入较多，并且需要交叉作业。在这种情况下就极易发生物体打击事故。在施工中常见的物体打击事故有以下几种。第一种，工具零件、建筑建材等物的高处掉落伤人；第二种，人为乱扔的各类废弃物伤人；第三种，起重吊装物品掉落或吊装装置惯性伤人；第四种，对设备的违规操作伤人；第五种，机械运转故障甩出物伤人；第六种，压力容器爆炸导致的碎片伤人。这就要求现场施工及管理人员一定要提高警惕，按照规定和机械设备使用规则来进行施工。要在实际施工中注意观察，避开可以造成物体打击的危险源。

4. 触电伤害

电力是工程项目施工过程中不可缺少的动力源，所以施工现场经常会有非常多的电闸箱、线缆、接头和控制装置。专业人员的违规操作和非专业人员的错误操作都可能会造成与电相关的各类伤害。触电伤害一般可以分为电伤和电击两种。电伤一般是由于电流的热、化学和机械效应引起人体外表伤害，电伤在不是很严重的情况下一般不会造成施工人员的生命危险电击是指电流流过人体内部造成人体内部器官的伤害，这种触电伤害的后果比较严重，甚至经常会危及生命。而且，在施工项目中的绝大部分触电死亡事故都是由电击造成。因此就需要专业电工在架线、电闸箱布置、电路安全控制和检查等方面做好工作，降低触电伤害的发生概率。

5. 坍塌事故

坍塌事故在地下工程中较为常见，尤其是边坡支护工程中。在施工前的地质勘测中，地下的情况只能是分区域的大致了解，这就对未知的地下情况造成坍塌事故提供了很大的可能性。另外在不具备放坡条件的情况下，强行放坡，坑边布置重物或停放各类运输车辆都会大大提高坍塌事故发生的可能性。在雨雪季之后更要注意避免由于土壤物理力学性能发生变化而导致发生的事故，如冻融现象导致的坍塌。

6. 起重伤害

工程项目起重吊装时由吊点、吊装索具、指挥信号、卷扬机、起重重量等因素会造成起重机器的整体失衡，或者物料吊装过程中的坠落、撞击、遗洒等问题，直接会造成对人、机械设备和车辆的伤害。

7. 危险品

在工程项目中由于焊接、切割、驱动、制冷等需求，经常会需要一些易燃、易爆的施工资源。如果对这些资源不按严格的规章制度存放、搬运和使用，那么就会在各个环节有危险品爆炸、泄露的隐患，极易发生安全事故。

除了以上提及的危险源之外还有很多影响工程项目施工安全的危险源，比如未接受技术交底和安全教育的施工人员入场、未经过培训的特种作业人员、未经讨论和验证就施行的决策等等。这些危险源是施工事故产生的主要原因，它们经常表现为交叉作用，组合推动事故发生概率的增加。因此，在工程项目的施工生产过程中要认真识别、积极采取有效的防护措施、进行严格的监督和管理，控制事故的发生。

第二节　施工现场危险源的辨识

从以上分析可以看出，施工现场包含着大量的危险源，并且对危险源的保存、使用和管理存在很大漏洞。因此，了解工程特点，识别和分析施工现场的重大危险源，是进行施工现场危险源管理的前提。只有正确的辨识危险源的性质、状态、构成要素、触发条件、危险程度和后果，我们才能充分评价和管理危险源，采取相应的应急措施，并实施必要的控制。

一、施工现场危险源辨识的依据

危险源是存在于施工场地内外的危险因素，必须要采用科学规范的方法和步骤对其进行识别，这样才能快速高效的进行预防和处理。在识别危险源的过程中，一定要有序、有条理、有方法的来识别。目前，施工现场危险源的辨识应该依从以下几个方面：第一，依据工程项目的特点、类别、勘察设计资料、施工图纸以及采用的技术及管理方案；第二，依据与工程项目相关的设计、规范、规程、标准，以及运输、保存、使用、处理方法；第三，以往的事故案例是进行危险源辨识的重要参考，尤其是类似施工区域、类似施工类型、类似施工合作方等方面出现过的事故信息。

二、施工现场危险源辨识的内容

危险源是事故的源头，来源于物的不安全状态、人的不安全行为、管理缺陷、不良的劳动环境和条件。施工现场危险源的辨识是要确定施工现场具有哪些危险源，并对这些危险源进行分类、分级、分出处理方式等等，这就需要考虑施工现场的特点、危险源的特点、事故的特点。具体来讲，需要在如下四个环节进行危险源的辨识。

（一）施工前的危险源辨识

这是辨识的预估阶段，也是在施工现场尚未展开全面的施工作业之前对危险源的统计阶段。在这个阶段，需要辨别各个施工环节、各个安全控制要点上可能会出现事故的关键点，并预先估计出施工的危险源。

（二）施工中的危险源辨识

在施工现场进入正轨生产之后，可以很直观地观察到现场的布置、机械设备的状况、人员组织与管理的状况、生产的状况等等。这时候进行的危险源辨识是在第一阶段辨识的基础上进行的，结合了实际的状况，能够较好地反映当前施工现场状况下的危险源情况。

（三）事故后的危险源辨识

一旦事故发生，就必须要对产生事故的原因进行细致的分析，找出引发事故的危险源。尽快解决问题的同时，也要把此时辨别出来的危险源进行重点观察，避免再次出现事故。

（四）施工后的危险源辨识

在施工后，通过施工安全记录、施工人员体会、事故处理记录等资料的汇集，找出施工过程中已经发生问题的危险源，以及尚未发生问题的危险源。输入到危险源数据库之后，对下一次的类似工程，或该团队的下一个工程形成指导性的危险源文件，进入下一个辨别过程的初始阶段，及预辨别阶段。

在以上四个环节的具体辨识时，共性的内容是要考虑存在危险源的业务功能及活动场所，并对照施工现场危险源的理论内容分类逐一筛查实际内容，全面考虑过去、现在和将来可能影响或可能发生的事情，进而识别危险源及其作用的范围、数量、方式和程度等等。

三、施工现场危险源辨识的方法及手段

（一）危险源辨识的方法

目前常用的危险源辨识方法主要有直观经验分析法和系统安全分析方法两大类。

1. 直观经验分析法

直观经验分析法是最直接，最灵活的方法。它适用于有可供参考的先例、有以往经验可以借鉴的危险源辨识和分析处理过程。但是这种方法对可供参考的先例要求较高，很难应用在没有可供参考先例的新系统中。直观经验分析法主要可以分为经验法和类比推断法。

所谓经验法，就是对照有关标准、检查表，依靠专业分析人员的观察分析能力，借助于工程经验和专业判断能力直观地确定危险源并评价其危险性的方法。经验法的优点是简便、易行。但是经验法的使用要受辨识人员知识、经验、判断力和可供参考先例资料的限制，极有可能出现遗漏。在实际辨识中，为弥补这种不足，在经验判断之后常采取专家头脑风暴的方式来相互启发，以便在交流和沟通过程中更加细致、具体和明确的辨识危险源。

类比法，是通过利用相同或类似工程，或者相似作业条件的经验和事故类型的统计资料来类推、分析评价对象的危害因素。施工企业的绝大多数工程项目都没有太大的技术问题，一般都可以设计出布置合理的施工现场。而且工程项目在事故类别、发生缘由、伤害

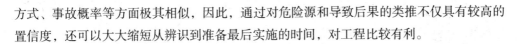

方式、事故概率等方面极其相似，因此，通过对危险源和导致后果的类推不仅具有较高的置信度，还可以大大缩短从辨识到准备最后实施的时间，对工程比较有利。

2. 系统安全分析方法

如果说直观经验分析方法是利用以往的规律来辨识危险源的话，系统安全分析方法就是把这种规律用系统工程的理念进行规范，利用系统安全工程评价方法进行危险源辨识。这种方法一般应用于复杂的、涉及面广、目标要求高的工程项目危险源辨识过程中，也适用于不同领域、不同行业、不同阶段的辨识过程。

目前，系统安全分析方法比较多，从能量分析到作业安全分析、从意外事故分析到子系统安全性分析，这些方法的适用情况也有较强的针对性，所以在同一个工程项目中经常会使用不同的方法来辨识危险源及其危害。这些方法中，对于施工现场危险源辨识较为适用的系统安全分析方法有安全检查表法、危险性预先分析、事故树分析和因果分析等。

（二）危险源辨识的手段

在工程项目施工现场危险源的辨识过程中，无论使用什么方法，都可以采用以下几种辨识手段来获取信息。

1. 现场观察

施工现场内的布置情况、安全设施防护情况、部分安全隐患、人员状态等等都可以通过观察来得到相关内容。通过简单的观察经常可以第一时间发现危险源，但这也要求在现场从事观察的人员不仅要掌握土木工程施工方面的技术知识、还要掌握安全生产、职业健康安全标准、安全相关的法律法规等知识，综合能力越强的观察者越能在危险源辨识环节找到容易发生问题的方面。

2. 资料观察

工程项目施工过程中，查阅项目的施工组织方案及技术方案等等非常有利于危险源辨识。在这些方案中有对地质、环境、水电气路、施工重点环节、施工安全布置的详细描述。在危险源筛查的时候多看资料，可从中发现或分析出一些危险源。

3. 外部信息搜集

在信息量和信息获取方式都非常发达的现代社会，充分利用网络信息资源，从类似企业、类似项目的企业文献或学术研究文献资料中搜寻有用的信息，这样可以更好的认识所在项目的特点及注意事项。但是，也要防止被外部信息中所包含的信息所误导，因为绝大多数外部信息都是经过处理后才被搜索到的，被处理过的信息就存在失真、不全面等特点，所以一定要把内部分析和外部信息搜集相结合，这样才有助于识别危险源。

4. 询问和沟通

工程项目施工现场中长期从事某项工作的人不仅经历了很多个项目中针对这项工作的各类非正常情况，还逐步认识到了该项工作的危险源。所以，和经验丰富的管理及施工人员进行沟通交流，询问对安全的看法，经常会有一些意外收获。不仅如此，有些情况下还能获得对危险源来说非常好的控制和管理办法。

5. 安全检查表

工程项目的民期实践过程中形成了很多内容详尽的安全检查表。在实际安全管理中，运用这些已经编制好的检查表，可逐项对施工现场进行系统的、有标准的安全检查。通过这样的表格，工程项目安全管理人员可以很好地将危险源信宫、进行积累，并在新项目中作为参考资料，有利于识别出存在的危险源。

6. 工作任务分析

这种手段包括流程分析和岗位分析，其中流程分析将生产工序分为许多流程单元，并针对每一单元分析其可能出现的偏差和危害岗位分析主要是通过岗位职责的分析，确定岗位工作的范围、职责、步骤、处理方案等等。只有工程项目的施工及管理人员明确自己的岗位职责和要求，才能最大限度地防止人在危险源上发挥的触发作用，进而降低工程项目事故发生的可能性。

第三节 施工现场危险源的管理

工程项目受经济、社会、政治、环境、市场、人员、技术等多方面的影响，在施工期间经常会遇到很多不可预料的、可能导致发生事故的不利情况。那么，保证施工现场危险源及危险源辨识过程的有效管理就成为控制这些不利情况的主要方法和手段。

有效的管理就代表要能根据现场情况和数据采取及时合理的措施、要能防止危险源对工程项目人财物的伤害、要能是施工活动按预定的计划顺利实施。所以，施工现场危险源管理是针对工程项目管理全过程的管理与控制，要保证的是施工安全，降低事故发生的可能性。这就要求工程项目实施过程中，建设单位、施工企业、项目班组、政府监管部门、监理单位等都要主持或参与到危险源的管理中来。

一、施工现场危险源管理的基本思路

工程项目固有的特点决定了施工现场危险源管理必然是一个从经验和现象发现问题、分析机理并实施有效管理的一个过程。因此对施工现场危险源管理的基本思路就可以直接设定为深入调查，通过经验分析和现场观察，经过危险源专题分析，确定危险源的类别、性质、管理重点、管理方式方法，并在实际管理中动态调整危险源管理的内容，第一时间处理发现的问题，最终将危险源进行控制、转化，直至消除。

施工现场危险源的类别可以依据本文对危险源分类时提出的四个等级进行划分，同时也采用POSE因素影响评分表进行等级的判定。这种判定的好处在于可以根据危险源的破

坏程度和发生破坏的概率来划分等级，进而确定危险源的应对策略，具有较好的经济性。施工现场危险源管理的重点有两个：一是尽量完整地将施工现场可能存在的危险源找出来；二是尽量准确将在册危险源的性质、作用机理、影响范围、关联内容、处理方式等确定出来，这样才能将危险源管理的工作做扎实。

施工现场危险源管理的方式可以设立危险源管理小组，以施工项目部组建的危险源管理小组为例，小组成员包括项目负责人、项目技术人员、安全管理人员、各施工环节的主要负责人员等。小组制定专人负责各个危险源辨识流程的对象辨别、人员组织和数据交换，将安全问题从根源上进行管理和控制。

二、施工现场危险源的应急管理

在对危险源管理的过程中，一项非常重要的内容就是应急管理。因为危险源在引发事故的时候经常是突发性质的，给项目人员发现、控制和处理的时间非常少。如果没有完善的应急方案，就会耽误对危险源的控制，增加事故发生的概率，对项目极为不利。

（一）应急预案

2004年2月1日正式实施的《建设工程安全生产管理条例》中规定"施工单位应当制定本单位生产安全事故应急救援预案，建立应急救援组织或者配备应急救援人员，配备必要的应急救援器材、设备，并定期组织演练""施工总承包的，由总承包单位统一组织编制建设工程生产安全事故应急救援预案，工程总承包单位和分包单位按照应急救援预案，各自建立应急救援组织或者配备应急救援人员，配备救援器材、设备，并定期组织演练"。另外，该规定中还对建设单位、施工单位的责任与义务进行了确认，强调了要对事故第一时间进行上报、处理和救援。

作为事故应急救援活动的行动指南，制定出应急预案可以保证迅速、有序、有效地开展应急与救援行动、降低事故损失。在工程项目中，应急预案可分为综合预案、专项预案、现场预案，还可以按事故类型进行划分，比如触电事故应急预案、环境污染事故应急预案、坍塌事故应急预案等等。其内容主要包括以下几部分应急对象的基本概况应急指挥机构的设立救援装备及通信联络方式应急救援专业队伍的训练与分工事故处置工程应急抢险抢修现场有效医疗救护安全紧急疏散社会力量支援。

（二）应急响应

无论有无应急预案，在发生事故的时候必然会经历应急响应这个过程。在响应行动启动之前，首先应该确定应急响应的级别。在这个时候要考虑两方面的因素事故的现实危害性和其他危险源的潜在危险性。目前比较常用的有四级应急响应机制。

1. 一级响应

一级响应适用于具有很大危害性的有事故扩大可能性，或无事故扩大可能性的严重紧急事故发生这两种情况。响应行动的内容主要是事态控制、现场安全保障、抢救伤员和疏散安置，需要参与的主要为医院、消防机构、事故检测机构、相关的专家组、疏散安置车辆及防毒防火等防护装备。

2. 二级响应

二级响应适用于危害性影响范围较大的有事故扩大可能，或无事故扩大可能的紧急事故发生这两种情况。行动内容主要在抢救伤员、事态控制、现场处理和必要的疏散安置，需要参与的主要为医院、消防机构、事故检测机构、相关的专家组及防毒防火等防护装备。

3. 三级响应

三级响应适用于无事故扩大可能，或有事故扩大可能但影响范围较小，危害性较小的紧急事故发生等情况。行动内容主要在抢救伤员、事态控制、现场处理，需参与的主要为医院、消防机构、事故检测机构、相关的专家组及防毒防火等防护装备。

4. 四级响应

四级响应主要用在影响范围较小，无事故扩大可能的紧急事故发生。行动内容主要是抢救伤员和现场处理，需要参与的主要为医院、事故检测机构和相关的专家组。事故破坏性的大小经常与应急响应的速度有很大关系，这就要求事故应急的相关组织机构和个人要协同工作，为了降低事故的破坏性密切配合，共同完成事故处理及救援任务。在响应程序设计时，通常是先确定警情与响应级别、启动应急预案、实施救援行动、处理应急事后事宜、应急结束。这里面每一个步骤都非常重要，缺一不可。

第七章 建筑工程施工质量管理

第一节 质量与质量管理概述

一、质量概述

在相当长的一段时期内，人们一直认为符合性就是质量，也就是说人们一直认为质量就是产品是否和设计的要求相符。质量符合性观点主要是基于企业自身的立场对问题进行考虑，而缺乏对于消费者利益的关注，因此，具有非常明显的局限性。随着社会的发展，市场竞争的不断加剧，质量发展到用户型质量观。

基于用户为本的用户型质量观和仅仅基于符合设计标准为核心的符合性质量观的要求有着本质的区别。用户型质量观将用户作为第一位，用户型质量观在产品设计开发过程中，在产品的生产制造过程中，在产品销售的过程中，全程落实用户第一的理念，同时，以还必须将以用户为本在对产品的质量检验与评判中进行落实，用户型质量观的最高准则是用户满意。因为用户需求是多元化的，这就使得企业必须全方位为用户服务，对用户的需求以及用户的需求发展趋势进行及时的动态的全方位的把握，同时要做出快速的反应，有时候还要求企业能够对用户对于产品的质量和需求做到超前满足。美国著名的质量管理学者朱兰在20世纪的60年代指出，质量实际上就是适用性。朱兰指出，为用户提供满足用户需求的产品是任何组织和企业的最根本的任务。用户型质量观和符合型质量观相比，朱兰的观点更是体现了用户的观点，基于用户的角度对质量的期望和感觉进行了表述，同时这也正是质量最终价值体现的过程。朱兰对于质量的思想得到了人们接受，同时朱兰的质量思想成为质量理念，是用户型质量观重要的典型理论。

在20世纪的60年代末期，70年代的初期，日本的著名的质量管理学者田口玄一提出了和适用性质量观不同的质量概念，他指出，质量的本质是当产品在上市之后带给社会的损失，然而因为功能的自身造成的损失除外。这样，田口玄一将产品的质量和经济损失紧密联系在一起。根据该理论，高质量产品指的是当产品上市之后，为社会带来损失较少的产品；对于差质量的产品，在产品上市之后，给社会带来的损失较大。田口玄一的质量理论由于不但保留了对用户需求满足的质量概念的核心内容，同时又对经济效果进行了强调，因此，方便了人们对于质量的定量化研究。也正是如此，人们对田口玄一的质量观以及质量工程学的给予了充分的重视。

朱兰的质量观、田口玄一的质量观以及符合用户型质量观等虽然都具有一定的实用价值与科学性，但是概念的广泛性，科学性以及在实际中的可操作性而言，都具有一定的局限性。

国际质量标准 ISO9000：2000 中对质量进行了如下的定义："质量指的是一组固有特性满足要求的程度"，同时对定义进行了标注。第一，质量能够通过形容词优秀、好、差等进行修饰；第二，固有的和赋予的是相反的，指的是某事物中与生俱有的，特别指的是永久的特性。国际质量标准 ISO9000：2000 定义了要求："要求就是明示的，一般隐含的或者必须对需求或者期望进行履行的"同时进行了标注。第一，一般隐含指的是顾客，组织或者企业的普遍的做法或者惯例，对于需求的考虑与期望是相通的；第二，特定要求能够通过修饰词进行修饰，比如顾客的要求，产品的要求，质量管理的要求等；第三，要求能够基于不同相关方进行提出。第四，规定要求是在诸如文件中阐明的已经经过明示的要求。

国家质量标准 ISO9000：2000 定义了如下的质量特性："质量特性指的是产品，过程或者体系和要求有关的固有的特性"。同时，对质量特性进行了标注：第一，固有指的是某种事物与生俱来的，特别是具有永久性的特性；第二，赋予产品过程，或者体系包括产品的价格，产品的所有者等的特性，这实际上并不是质量特性。性能，可信性，维修性，合用性，安全性，美学，可用性，经济性等都属于事物质量特性的范畴。

由以上国际标准 ISO9000：2000 对于质量概念的阐述可以看出，质量具有以下的特征：第一，质量一方面涵盖了活动以及过程的结果，同时，另外一方面，质量还涵盖了造成质量形成的和实现的活动以及其本身内容；第二，质量一方面包括了产品的质量，同时还包括了质量形成以及质量实现过程中的工作质量以及为了确保工作质量而实施的质量体系；第三，质量一方面要能够使得用户的需求得到满足，同时质量另外一方面还需要满足社会需求，这就是说顾客，业主，社会，就业人员以及供方都能够获得效益；第四，质量不仅仅存在于工业领域，同时，质量还存在于服务行业以及其他的行业。

二、质量管理概述

（一）质量管理相关概念

对于质量管理进行如下的概念阐述："确定质量方针、目标和职责并在质量管理体系中通过诸如质量策划、质量控制、质量保证和质量改进使其实现的全部管理职能的所有活动"。就一个组织或者企业来说，为了使得用户对于产品的质量要求得到满足，需要对于全部的质量要是实行严格的监控，同时，基于控制活动，对于技术以及管理方面实施系统的有效的组织，计划，审核，协调以及检查等活动。基于此，通常而言，质量管理的内容涵盖了对于组织的质量战略的计划，对于资源进行的分配，以及系统的系统性的活动。因为质量管理具有非常重要的作用以及广泛的智能，因此，对于质量管理中对于"质量管理属于各级管理者的职能，同时需要通过最高的领导着进行领导。事实上，质量管理的实施和组织的全部成员都有关系"。另外，质量管理还对于经济性要素进行了充分的考虑。

质量方针指的是："由组织的最高管理者正式发布的该组织的质量宗旨与质量方向"，实际上，质量方针是在较长的一段时间内进行质量活动组织的最根本的行为指南以及准则。基于此，在组织内，质量方针稳定性相对较强，同时具有严肃性。质量方针必须和技术改造，投资以及人力资源等方针相协调，通常情况下，质量方针应该和组织企业的整体方针是一致的，组织的质量方针能够为质量目标的制定提供框架，同时质量管理原则是质量方针制定的理论基础。为了质量方针的有效实施，必须使得质量方针具体化，也就是说，质量方针要能够向可行的质量目标转化，实现组织内的质量方针目标的管理。对于质量的追求目的是质量方针的目标。一般情况下，基于组织的质量方针制定质量目标，通常情况下对于组织的层次以及相关的职能要分别进行质量目标的规定。

质量管理体系指的是："为了实现建筑工程施工的质量管理需要的程序，资源，过程以及组织结构。"组织结构指的是为了行使组织的职能，从而构建的权限，职责以及它们之间相互关系，包括了权限和质量管理职能，领导的职责，质量机构设置，各种机构的质量职能，各种机构的职责，各种机构的权限，各种机构的相互关系，还包括了质量信息和质量工作网络之间的传递。程序则指的是为了实现某种活动而采用的措施。通常情况下，程序以文件的形式对活动的目的，活动的对象，活动的范围，活动的地点，活动的时间，活动的方式进行规定，同时还规定了活动的设备，材料等，规定活动的记录与控制等。过程指的是把输入转化成输出的一组相互联系以及相互作用的活动的总称。

质量管理的核心是构建质量管理体系。质量管理体系是包括组织机构，权限，职责以及程序的管理能力以及资源能力的整合。质量管理体系实际上是质量管理的载体，其建立与运行的基础是质量管理的实施。每一个组织都有质量管理的程序，资源，过程以及组织结构，因此，每一个组织客观都有质量管理体系。而组织的作用就是使其健全，有效与科学。构建质量管理体系，必须基于组织内部的环境与特点进行综合的考虑。作用一个组织管理系统，质量管理体系无法进行直观展示。基于此，构建质量管理体系，需要有相应的体系文件。质量手册，质量计划，程序性文件和质量记录等等都是质量管理体系文件。

而质量策划作为质量管理的一部分，质量策划对质量目标进行制定，同时对质量目标的运行进行相应的规定，对于实现质量目标的有关资源进行规定。也就是说，质量策划主要涵盖的内容包括：质量策划能够为管理者进行质量方针的制定以及质量目标的实现提供建议；质量策划能够对顾客的质量要求进行分析，同时对设计的规范进行完善；质量策划能够评审产品设计的成本；质量策划可以通过产品规格以及产品标准，对产品的质量进行控制，确保产品质量合格；质量策划能够提供进行质量控制与检验的研究方法；质量策划实现了对工序能力的研究；质量策划可以进行培训活动的开展；质量策划的研究和实施能够实现对供应商进行质量控制与评估。

质量控制指的是作为质量管理的一部分，能够确保质量满足要求。为了实现质量的要求，需要通过一系列的措施，作业技术以及活动。为了实现质量要求采用的管理技术以及专业技术都属于作业技术的范畴，作业技术实际上是进行质量控制的方法与措施的总和。活动则指的是掌握有关技术以及技能的人通过作业技术而进行的有组织，有计划的系统性的质量职能的活动。进行质量控制，其目标就是对于过程中造成质量不满意的原因进行监控与排除，从而能够获得经济效益。基于此，质量控制的对象是产品质量形成的全过程以及产品质量形成的各个环节；同时，进行质量控制必须基于以预防为主的措施，结合检验措施，换句话说，也就是质量环节的每一项作业技术以及活动都必须处在有效的受控情况下。

通常而言，在质量控制中实施作业技术以及活动的流程为：第一，控制计划和控制标准的确定；第二，控制计划和控制标准的实施，同时监视，评估以及检验实施过程；第三，对质量问题进行分析同时查找原因；第四，通过有效措施，将质量问题产生的原因进行排除。

质量管理的一部分重要内容是质量保证，质量保证指的是能够提供质量满足要求得到的信任。能够为客户，本组织的最高的管理者以及第三方提供信任是质量保证的核心问题。基于此，组织需要有足够的证据，也就是说有足够的管理证据以及实物质量的测定证据。

因为不同的目的，质量保证包括了外部质量保证与内部质量保证。外部质量保证通常应用在合同环境；内部质量保证指的是为了使本组织的最高的管理者能够对组织的具有的满足质量要求的能力存在足够的信任而采取的各种措施与活动。

质量改进指的是能够增强质量要求的能力，质量改进也是属于质量管理的一部分内容，为了使得顾客以及组织的双方的收益最大化，从而进行质量改进。事实上，顾客与组织的收益最大化不但是质量改进的目的，同时也是组织内部能够进行可持续发展的动力，保证了组织获得成功。质量改进活动与质量形成的全过程相关，涉及质量形成的每一个环节以及人员，设备，技术，方法以及资金等每一项资源。质量改进活动需要有机会有秩序的进行，同时质量改进需要对任何一个组织成员的积极性与主动性进行调动。质量改进的流程为组织计划，分析，诊断，进行改进。

实际上，质量策划的实施与演绎是质量控制，其目的就是能够保证服务或者产品能够满足事先要求的质量要求。质量管理中最根本的职能活动就是质量控制，质量控制的活动以及作业技术一般都拥有程序化以及规定性的特征。通常而言，现有的质量管理体系对质量控制有约束作用，然而目标能够对现状进行超越。对项目进行改进时，通过不同的措施，寻找突破口，从而寻找解决问题的途径，进而使得活动质量，资源质量以及过程提高。质量改进活动基本都是基于项目的特点，质量改进的结果通常能够提高质量的标准，从而使得资源，活动以及过程能够在更高和更加合理的水平上处于质量控制情况。

（二）ISO9000 质量管理相关内容

1. 关注的焦点是顾客

也就是说顾客是组织存在的前提。基于此，组织应当对顾客目前以及未来的需求进行把握，从而能够对顾客的要求进行满足，进而使得顾客的期望得到实现或者能够对顾客的期望进行超越。基于组织关注焦点为顾客的原则，组织通常进行如下的活动，对顾客的需求以及期望进行调查，识别以及把握；能够将顾客的期望与需求和组织目标的实现相结合；保证顾客的需求与期望能够在整个组织内部进行沟通和交流；对顾客的满意度进行测量，同时基于测量的结果制定相应的措施与活动；能够对组织与顾客之间的关系进行系统的管理。

2. 领导的作用

通过组织的领导者对组织的方向以及宗旨进行确定。需要创造和保持能够使得员工可以进行充分参与和实现组织目标的内部的环境。为了实现领导作用的原则，组织通常会进行以下活动：对相关方的期望与需求进行考虑；对本组织的未来的远景进行描绘，从而可以确定具有挑战性的目标；基于组织的全部层次之上，构建公平公正，共享价值的道德伦理观念；能够为员工的发展提供培训和各种资源，同时，在员工的职权范围内赋予其一定的自主权。

3. 全员参与的原则

一个组织的根本是各级人员。只有各级人员都参与到组织的建设发展中，各级人员的才干才能够为组织的发展带来效益。为了实现全员参与的原则，组织通常会采用以下的活动：充分了解组织的每一个员工的自身重要性，同时，明确每一个员工在组织中的角色；培养员工在组织中的主人翁的精神，通过主人翁的精神对问题进行解决；基于员工各自的目标，让员工对自己的业绩情况进行评估；努力为员工的发展提供机会，从而能够使得员工的能力，经验和知识得到提高。

4. 过程方法原则

基于对资源的利用和管理的实施，把输入向输出活动进行转化，可以看作为一个过程。对组织的应用的过程进行系统的识别和管理，与其说对于过程之间的相互作用进行管理叫作过程方法。为了实现过程方法原则，组织通常采用如下的活动：系统对全部的活动进行识别，从而能够确保预期的结果能够实现；能够对管理活动的权限与职责进行确定，对关键活动的能力能够进行分析与测量，对职能内部的活动接口以及组织职能进行识别，对组织的资源，材料方法等活动的要素进行改进。

5. 管理系统方法的原则

管理系统方法原则指的是把具有相互关系的过程当成是系统进行识别，管理与理解，从而能够使得组织的效率和实现目标的时效性提高。为了应用管理系统方法的原则，组织通常采用如下的活动：构建一个体系，从而基于最高效率以及最高效果能够使得组织的目标实现；对于体系内部的各个过程之间的相互的依赖关系进行理解。为了使得系统的目标能够尽快地实现，从而对作用与责任进行理解，使得职能交叉的障碍尽可能地降低；对组织的能力进行了解，从而对于资源的局限性能够在行动之前进行确定；为了使得体系中特殊活动的运行确定，需要设定目标。为了对体系进行持续的改进，需要进行测量与评估。

6. 持续改进的原则

持续改进原则指的是组织永恒的目标就是持续改进总体业绩。为了实现持续改进的原则，组织通常采用如下的活动：能够给员工提供使其能够持续发展的培训方法与资料；基于整个的组织范围，通过一致的方法对组织的业绩进行持续改进；构建基于目标的质量持续改进方法，对质量进行跟踪与测量；组织内部各个成员必须以产品过程与体系的持续改进为目标。

7. 基于事实决策的方法原则

基于事实决策的方法原则指的是对于数据和信息进行分析的基础上才能进行有效的决策。为了赢基于事实决策的方法原则，组织通常会采用以下的活动：数据与信息必须保证可靠性与准确性；需要数据以及信息者能够获得信息和数据；对数据通过正常的方法进行分析；基于事实对数据信息进行分析，对经验直觉进行权衡，从而做出最终的决策并采用相应的措施。

8. 与供方互利关系的原则

与供方互利关系的原则指的是供方与组织之间是相互依存的，双方的创造价值的能力在互利关系的前提下得到增强。为了应用与供方互利关系的原则，组织通常采用如下的活动：组织和供方确定关系的前提与基础是对短期的收益以及长期的利益进行综合的平衡之上的；能够和合作者或者供方实现对资源和技术的共享；能够和供方进行开放性的沟通交流；对供方进行选择与识别；积极评价和鼓励供方进行的改进以及获得的成果。

（三）质量管理的基本程序流程

遵循质量管理的基本程序对于项目的实施过程无疑至关重要。质量管理基本的程序遵循计划（Plan），执行（Do），检查（Check）以及处理（Action）四个质量管理阶段，简称为 PDCA 循环。

质量管理基本程序的第一个阶段是计划阶段，在计划阶段主要是基于使用者的需求同时结合企业自身的生产技术条件的实际情况，对工程施工进行安排以及对各种相关的措施进行编制。

质量管理基本程序的第二个是实施阶段。在实施阶段是基于计划阶段对计划组织施工生产的制定，同时要确保全程施工的工程质量和国家的标准要求相符合。

质量管理基本程序的第三个阶段是检查阶段。在检查阶段能够对已经施工的质量进行检查以及评定。

质量管理基本程序的第四个阶段是处理阶段。在处理阶段，基于使用单位或者组织的意见以及结合检查阶段的评定的意见做总结处理，将属于合理的内容编制成标准，从而为再次执行做准备。

质量管理基本程序包括以下的流程：第一，对现状进行分析，从而对于存在的质量问题进行查找，并且通过数据进行解释说明；第二，对质量问题产生的不同的因素进行分析，同时对各个原因进行深入的剖析；第三，对质量问题的主要因素进行分析，利用主要因素对质量问题进行解决；第四，基于对质量问题造成影响的主要因素，对活动的措施以及计划进行制定。进行计划的制定时需要突出制定计划的原则，达到目标采用的手段和措施，对于执行的时间和执行的对象等等具体的内容要进行体现；第五，基于既定的计划实施。第六，基于对计划的要求与内容，对实施的结果进行检查，从而检验计划是不是达到了预期的目标；第七，总结检查的结果，将成功的经验作为标准和制度，为下次执行做准备，从而预防了重复问题的发生。第八，对遗留的问题进行处理，进而进入到下一个的循环。

管理质量流程中关键是 Action，重点是 Plan，首尾相接从而实现了不同的运动，量管理流程中相互促进，一环套一环形成了一个能够不断循环的有机整体。

质量管理流程的四个阶段和八个步骤逻辑性非常强，产品质量或者是工作质量在经过一个循环时，就会有非常大的提升。事实上，质量持续改进的过程就是 PDCA 循环持续不断上升运动的过程。

（四）质量管理的基础性工作

1. 质量管理工作的教育工作

质量管理中非常重要的一项基础工作就是质量教育。利用质量教育能够使得企业员工的质量意识不断地加强，同时能够使得企业的员工不断掌握与应用质量管理的技术与方法；通过质量教育工作能够使得员工树立质量为本的意识，从而能够对质量在企业乃至在国家发展中的重要作用有充分的认识；通过质量教育能够使得员工对自身对于提高质量的责任有清楚的认识，从而能够自发的提高工作质量，进而使得企业的管理水平与技术水平不断提升。

2. 质量管理工作的标准化工作

质量管理工作的标准化工作指导书监督检查标准的制定，标准的实施，标准的实施情况。就企业而言，企业的进厂的原材料，企业的生产产品，企业产品销售等等每一个环节都有标准，企业的质量工作的标准化，不但要求管理标准，同时要求产品的技术标准和工作标准，企业实现质量管理工作标准化必须基于完整的标准化体系的构建。

3. 质量管理工作的计量工作

产品质量得到保证的重要措施就是计量工作。计量工作能够确保计量值的统一与准确，从而能够保证及时标准的顺利执行，也能够确保零部件进行互换，因此，计量工作是质量管理中非常重要的一项基础工作。计量工作需要必要的化验与量具，同时要求配备有齐全的分析仪器和仪表，分析仪器和仪表要确保无缺完整，质量稳定，修复及时，示数准确一致。基于不同的实际情况对计量方法进行选择，选择合适正确的测量方法。所以，企业需要构建完善计量机构，以及对计量人员进行配备，从而在质量管理中使得计量工作的作用得到充分的发挥。

4. 质量管理工作的质量信息工作

产品质量以及产品的生产，产品的销售，产品的服务等的各个环节中质量活动的信息，数据，资料，报表，文件等以及企业外部的各种相关的情报资料的是质量信息工作的范畴。质量管理的基础就是质量信息，同时质量信息也是一种非常重要的资源，基于对相关的质量信息情报的收集，对于产品的质量以及服务质量影响的各种因素进行把握，并且能够对生产技术的动态，对经营活动的动态，对产品的使用情况进行把握，也能够及时把握国内外产品的质量以及国内外市场对产品的需求。质量信息工作实际上是产品质量改进，各个环节工作质量改善的最原始的数据信息来源。对人造成的质量各因素变化以及质量变化的内在的联系进行分析，对于提高产品质量或者服务质量的规律进行把握。为了使得质量管理中质量信息工作的作用得到充分的发挥，必须构建基于企业信息中心与信息反馈的系统，同时对质量信息进行分级管理，要求有专人进行负责，尤其是对于最基层的信息的管理要给予足够的重视，对原始的数据信息做好记录同时进行上报，为了确保信息系统能够正常的运行，必须建立科学的考核制度。

5. 质量管理工作的企业内部质量责任制

企业经济责任制的重要组成部分是质量管理工作的企业内部质量责任制。质量管理工作的企业内部质量责任制需要对企业的每一个员工在质量工作中的具体的职责，权限以及任务进行明确的规定，从而能够使得质量工作人人有职责，事事有人管，办事标准化，工作效果能够进行检查与考核。将和质量相关的各种工作与企业职工的热情主动性相结合，从而形成严格的质量体系。由于企业的各个部门各个岗位以及各个员工都涉及质量工作，因此，一旦责任制度不明确，职责不清晰，那么不但正常的生产秩序得不到保障，同时会出现没有人对质量负责的问题。基于此，要提高质量，必须有确定的权限与职责，需要构建与质量工作相匹配的质量责任制度，同时紧密结合经济责任制，使得企业的员工都能够对自己的工作，职责，标准有明确的认识。进而确保企业产品质量以及服务质量的提升。

6. 质量管理工作的文明生产

质量管理工作的文明生产指的是生产具有科学性，文明生产能够为质量保证提供外部条件与内部条件。质量保证的外部条件主要指的是有助于提高产品质量的环境，光纤，设备等，生产场地的环境卫生，光线的照明程度，原材料，零件，工具，半成品，产品等的整齐放置，保持良好的设备仪器的状态等等都属于外部条件。质量保证的内部条件指的是生产的节奏，生产的流程是否合理，物流路线是否科学等。外部条件和内部条件决定了质量的提高。事实上，没有上述文明生产条件，企业就没有办法进行质量管理。

第二节　建筑工程施工质量管理

事实上，形成建筑实体的过程就是建筑施工，同时，建筑施工对建筑工程质量起着决定性的作用，为了使得建筑工程项目的质量提高，建筑施工时期必须加强对质量的管理力度。建筑工程施工涉及方方面面，非常复杂，对工程质量造成影响的因素众多。因此，即使是原材料细微的变化，操作中的细微变化，施工机械的正常的磨损，环境发生变化等都会改变建筑工程的质量，严重的甚至会造成建筑工程的质量事故。由于建筑工程的特殊性，一旦工程项目竣工，发现建筑工程的问题，不可能进行解体，拆卸，基于此对于建筑工程施工过程中的质量管理以及控制无疑至关重要。

一、建筑工程施工质量管理的特征

建筑工程项目的施工非常复杂，涉及因素比较多，同时因为建筑工程建设的周期长，位置固定，整体性高，易于受到自然条件的影响等，所以和一般工业产品的质量管理与控制相比，建筑工程施工的质量管理难度比较大。建筑工程施工的质量管理的特征如下：

（一）对建筑工程施工造成影响的因素比较多

由于建筑工程施工的特殊性，造成了影响建筑工程施工质量的因素比较多，建筑工程的设计，原材料，地形地貌，气候条件，操作方法，技术促使，施工工艺，投资成本，水文，建设周期等都对建筑工程施工的质量管理有着直接的影响。

（二）建筑工程施工质量具有较大的波动

一般来说，工业产品生产是生产流水线固定，生产的工艺具有规范化，同时生产的产品的检测技术相对健全，生产环节较为稳定，生产设备比较齐全。然而由于建筑工程施工中影响建筑工程质量的因素比较多，各种系统性因素以及偶然性的因素都有可能造成建筑工程的质量变化，所以，建筑工程施工的质量波动较大。建筑工程施工中原材料细微的变化，操作中的细微变化，施工机械的正常的磨损，环境发生变化等都是造成建筑工程施工偶然性质量变化的原因。原材料的规格，施工工艺，机械故障等等都是造成建筑工程质量变化的系统性的原因。建筑工程施工过程中，任何的变化都有可能造成建筑工程质量事故的发生。基于此，建筑工程施工过程中，要严格进行质量管理与控制，将质量变化控制在可承受范围内。

（三）建筑工程施工质量管理具有隐蔽性的特征

建筑工程施工时，工序较多，存在很多的隐蔽工程，当对隐蔽工程没有进行本质的严格的检查的时候，流于表面，就会出现判断错误，换句话说，也就是很有可能将质量不合格的产品，当作是质量合格的产品。同时，建筑工程施工过程中，各种仪器仪表使用较多，当没有进行认真的测量，就会造成数据的错误，从而引起质量问题。基于此，对建筑工程质量进行验收时，一定要认真仔细。

（四）建筑工程施工质量的终检具有局限性的特征

因为建筑工程非常庞大复杂，因此，和普通的工业产品相比，当建筑工程竣工之后，不可能为了对建筑工程的内在质量进行检查，而进行拆卸或者解体。因此，建筑工程项目的终检，通常不能检查建筑工程内部的质量问题，从而很难对建筑工程隐蔽的质量问题进行发现。

（五）对建筑工程施工质量评价的方法具有特殊性的特征

对于建筑工程而言，其工程质量的检验是通过分项，分部，分批进行的。整个建筑工程的质量的基础是分项工程的质量检验。对于主控项目的检验结果以及对于一般项目进行的抽样检查结果决定了分项工程的质量。当隐蔽前工程检查合格之后，对隐蔽工程进行质量检查。一般涉及对于试块，试件，材料等的结构的安全检验，基于相关的规定对于工程进行抽样的检测，对于和建筑工程项目的结构安全有关的重要部分要进行重点的检验。

二、建筑工程施工质量管理的原则

就建筑工程项目施工来说，质量控制的目的就是能够保证建筑工程施工能够严格按照国家相关规范以及合同的质量标准进行施工，通过相应的检测措施与手段和方法，对于建筑工程施工质量进行管理。建筑工程施工质量管理需要遵循的原则如下：

（一）质量为本的原则

在市场环境下，各个企业要想获得发展，必须提高产品的质量，以满足用户需要为核心。作为特殊的商品，建筑工程的投资大，使用期限长，同时和人们的生活生命安全息息相关，基于此，建筑工程施工质量管理必须基于质量为本的理念，严格控制建筑工程施工质量。

（二）管理核心为项目团队成员的原则

建筑工程施工时，几乎全部资源都在最终的工程产品上固化，同时向业主移交。然而，人力资源例外。基于项目的不断锻炼和积累，项目团队的成员越来越成熟。这实际上正是企业在收获经济效益以外的宝贵的人力资源收获。基于此，建筑企业需要对员工管理给予充分的重视，对企业的员工进行职业生涯的规划，进行培训与能力的提升，进行绩效管理，从而使得员工的凝聚力提高，进而能够使得建筑工程施工质量得到保障。事实上，任何质量的创造者都是人，因此，基于以人为本进行质量控制，对人的热情与能动性进行充分的调动；建筑企业要通过多种措施，提高员工的责任感，将质量第一的理念贯穿于每个员工

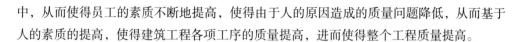

中，从而使得员工的素质不断地提高，使得由于人的原因造成的质量问题降低，从而基于人的素质的提高，使得建筑工程各项工序的质量提高，进而使得整个工程质量提高。

（三）预防预控为主的原则

基于预防为主的原则，转变传统的质量从事后把关向质量的事前控制与事中控制转变；将对质量检查的重点从产品质量的检查转移到对工作质量的检查，重点检查中间产品的质量，对工序质量的检查给予充分的重视，事实上，也是能够保证建筑工程施工质量的有效手段。

（四）严标准，严检查的原则

对于产品的质量进行评价的标准就是质量标准，而进行产品质量控制的依据则是数据，因此，就产品的质量是否和质量标准相符合，必须基于准确翔实的数据。

（五）守法，公正的职业规范原则

建筑工程施工过程中，项目经理对问题进行处理时，必须基于客观事实，公正、公平、合理、科学；将不正之风坚决杜绝；基于实事求是的原则，严格按照规章制度办事。

三、建筑工程施工质量管理的重点

为了使得建筑工程施工质量的管理得到强化，对于建筑工程施工过程中的各个阶段的施工控制的重点进行明确，从而将整个的建筑工程施工质量管理控制分为了建筑工程施工的事前控制，建筑工程施工的事中控制以及建筑工程施工的事后控制。

（一）建筑工程施工过程事前质量控制

建筑工程施工过程质量的事前控制指的是建筑工程在进行正式的施工以前实施的质量控制，对建筑工程施工的准备工作控制是建筑工程施工过程质量的事前控制的重点，事实上，在建筑工程整个的施工过程中，建筑工程施工的准备工作始终贯穿其中。

（二）建筑工程施工过程中质量控制

建筑工程施工过程质量的事中控制指的是对于建筑工程施工过程中的质量控制。对于建筑工程施工过程中进行全面的施工控制，对于工序的质量进行重点的控制是建筑工程施工过程质量的事中控制的策略。建筑工程施工过程质量的事中控制采用的手段包括：检查工序的交接，对于质量的预控有计划，有方案才能进行项目的施工；对材料进行试验，对于隐蔽的工程进行验收，对于采用的各种技术措施有较低，记录图纸的会审，对于成品采用相应的保护措施，对于设计有变更的需要有手续等。

（三）建筑工程施工过程事后质量控制

建筑工程施工过程质量的事后控制主要指的是当建筑工程施工完成之后进行的对于已经形成的产品的质量控制。主要是对建筑工程竣工验收资料的准备，对于建筑工程进行初步的验收和进行自检；基于国家的相关规范标准对建筑质量进行评定，对于建筑工程中已经完成的分项工程，分部工程进行质量的检验，对于竣工的建筑工程进行验收。

四、建筑工程施工质量影响因素的管理

对于建筑工程施工质量管理中造成影响的因素主要包括人的因素（Man），材料的因素（Material），机械因素（Machine），方法因素（Method）以及环境因素（Environment）。建筑工程施工过程中对于上述因素进行控制，能够确保建筑施工工程质量。

（一）建筑工程施工质量人的影响因素

在建筑工程施工过程中，人是最重要的因素，人的因素包括了直接参与建筑工程施工的操作人员，指挥人员，组织人员。建筑工程施工过程中，将人的因素作为控制的对象，无疑对于避免操作失误有着非常重要的意义。同时，能够使得人们的主动性提高，使得人的主导作用能够得到充分的发挥。基于此，一方面要加强对于人的职业道德教育，思想政治教育，劳动纪律教育，岗位责任制教育，个人的专业技术培训等方面的教育，另外一方面，构建具有竞争力的奖惩制度，鼓励人们的积极性。通过劳动条件的改善，基于建筑工程施工的特征，在满足质量的前提下，从人的心理行为，人的组织行为，人的技术水平等方面进行控制。比如经验丰富，技术业务熟练的员工操作技术复杂，精度高，难度大的工序等。对于人的错误行为要进行严格的控制，尤其是对于危险源的现场作业，禁止打闹，误动作等。对于没有技术资质的人员严禁其上岗。要从人的身体素质，政治素质，思想素质以及业务素质等全面对人进行管理控制。

（二）建筑工程施工质量材料的影响因素

建筑工程施工材料的质量管理控制涵盖了对材料的质量控制，对于成品的质量控制，对于半成品的质量控制，对于构配件的质量控制等，通常通过对材料的合理科学的使用，以及验收时严格检查进行控制，利用管理台账的建立，对于材料的运输，发放，存储等各个环节进行技术管理控制，预防在建筑工程施工过程中采用不合格的原材料。如果材料对于库存的要求过高，那么基于先进先出的原则，对于建筑工程施工中的临时仓储做好防水和防潮工作。

1. 建筑工程施工质量机械的影响因素

建筑工程施工质量影响因素的机械因素的影响主要涵盖了对工具的使用的控制，对于机械设备的控制等。基于建筑工程施工过程中不同的技术要求以及工艺的特征，对机械设

备进行合理的选择，同时对于机械设备进行正确的使用，保养，维护与管理。建筑工程施工过程中要构建完善的人机固定体制，构建健全的设备运转的记录制度，持证上岗，为了使得机械设备的使用处于最佳的状态，需要构建完善的机械设备技术保养制度，机械设备的安全使用制度，机械设备定期检查制度等。

2. 建筑工程施工质量方法的影响因素

建筑工程施工质量控制管理的方法因素的影响指的是对于包括施工的组织设计，施工方案，施工工艺以及施工的技术措施等的管理与控制，建筑工程施工质量控制管理的方法控制要基于工程的实际，对于施工的难点进行解决，要采用经济合理，技术可行的措施，从而能够对于建筑工程的顺利实施提供保障，同时能够使得建筑工程的质量得到保证，成本降低。

3. 建筑工程施工质量环境的影响因素

就建筑工程施工而言，对建筑工程的质量造成影响的因素非常的多，比如工程的地质，气候条件，工程的水文等的工程技术环境；包括建筑工程质量管理制度，质量保证体系在内的建筑工程管理环境；包括作业场所，作业的工作面，作业的劳动组合等在内的劳动环境等。建筑工程受到环境因素的影响是复杂多变的。比如对于工程技术环境的气象条件来说，暴雨、高温、酷暑、大风、湿度、严寒等等都对建筑工程的质量有直接的影响。同时，由于建筑工程的施工过程中，通常情况下后一道工序是基于前一道工序进行的，因此，后一分项工程，后一个分部工程的环境是前一个分项工程好，分部工程。基于此，按照建筑工程实际的特征以及具体的施工的条件，对于造成建筑工程质量的环境因素进行分析，从而通过有效措施对其进行预防。特别是对于建筑工程的施工现场，必须进行文明施工，构建文明的施工环境，一方面确保材料工件等有序堆放，另外一方面要保持道路的畅通，确保施工现场的整洁。从而为建筑工程的高质量提供优良的环境。

第三节　建筑工程质量评价

一、建筑工程质量评价的目标与内容

在市场经济体制下，建设行政管理部门一方面通过建立健全建设法规体系来规范和约束责任主体的质量行为，从宏观上把握和加强工程质量监管；另一方面通过委托工程质量监督机构对建筑工程的主要施工环节进行抽查和监督，从微观层次上对建筑工程的使用安全和环境质量进行控制。

为此，质量评价的目标首先是反映建筑工程质量的客观现状，从而为建设行政管理部门的质量监督管理工作提供信息和决策依据，以此为基础，提高政府部门决策和行政的科学性，使其质量管理工作能够适应质量状况的变化和发展趋势，并促使工程质量水平得到进一步提高。此外，新加坡、中国香港等地的建筑工程质量评价实践和经验表明，建筑工程质量评价不仅可以为管理部门制定政策、推行管理措施提供信息依据和决策参考，还可通过与相关制度的有机结合，成为管理部门行政手段的有力补充。

由质量评价目标可知，建筑工程质量评价的内容必须与建设行政管理部门的职能定位与工作内容相符合。根据我国各级建设行政主管部门对执行工程建设强制性标准、结构安全隐患等情况的第一手数据和资料的收集，结合现场专家的建议，建筑工程质量评价的内容包括地基与基础工程、结构工程、砌体工程、装饰装修工程和安装工程等。每个工程还包括相对独立的评价因素，如地基与基础工程包括的因素有地基、基础、桩基础、土方工程与基坑支护等。

二、建筑工程质量评价原则和方法

（一）建筑工程质量评价原则

1. 预测性原则

建筑行政管理部门对建筑工程质量状况的历史和现状进行评价，是为了更全面、更深刻地认识和预见建筑工程质量状况的未来发展趋势，从而确定宏观质量管理的政策思路和目标。因此，建筑工程质量评价及其结果应能反映建筑工程质量状况的未来走势。

2. 导向性原则

导向性原则可以从两个方面理解：一方面，建筑行政管理部门的宏观质量管理以建筑工程质量评价所确认的宏观质量状况为基础和前提，质量状况对政府部门的管理决策和措施具有导向性；另一方面，政府部门的政策和措施对建筑工程质量水平的发展具有引导作用，具体通过质量评价指标、标准及权重的设定来实现。

3. 综合性原则

随着社会经济的发展和科学技术的不断进步，建筑工程质量的概念与内涵日趋复杂，社会和人民群众对于建筑工程质量的要求和期望不断提高，政府部门的质量管理工作范围也日益复杂化和综合化。因此，建筑工程质量评价必须符合综合性原则。

4. 客观性原则

建筑工程质量评价必须客观地反映实际情况，为此，数据和资料应尽量全面可靠，评价人员和评价标准应保持最大限度的客观公正。

5. 系统性原则

质量内涵存在多维性和综合性的特点，只有遵循系统综合原则，才能正确反映质量的整体性评价结果，这就要求评价指标及标准在层次和时序上要形成一个有机的体系。

6. 规范性原则

质量评价必须依据规定的体系、方法及设定的方案或程序进行，原始评价结果的表达及汇总等都必须符合固定的格式或要求。

7. 动态发展原则

随着实践的发展，人们对于工程质量的认识也在不断深入，只有不断完善、改进、更新评价标准和观念，使评价更着眼于未来的发展和预测，才能使质量评价更加具有实际意义。

（二）建筑工程质量评价方法

1. 决定型评价方法

决定型评价方法是设定几个评价项目和评价标准，并且对评价项目和评价标准进行分等，最终决定是否采用该项目。决定型评价法是以评价者直观判断为基础，用评价项目和评价指标将定性因素指标化，这有助于直观判断，避免直观判断产生的独断和偏见。采用决定型评价方法，在根据各评价项目的评价比标准综合评价结果时，对各项目的评分，可以用一定的方法进行计算，以数值进行判断，也可用图形或表格等形式表示，以图形进行判断。后者从某种意义上来说完全是定性的、直观的；前者是综合的，应尽可能地客观和定量化。

2. 比较型评价法

比较型评价法是在技术经济评价中应用最广、最成熟的一种评价法，现已具备一套完整的工作程序和比较成熟的评价方法。它是借助于一组能从各方面说明技术、经济的指标，对实现同一目标的几个不同方案进行计算、分析和比较，从中选出最优方案的一种评价方法。它既可以用于技术决策，也可以用于经济决策。

这种方法的工作程序如下：根据不同的目的，选择适当的对比方案→定量比较→综合评价→方案优选。

比较型评价法也存在不足之处，这种评价法侧重于方案间的定量计算比较，对定性分析比较不够重视。

3. 系统分析评价法

系统分析评价法就是将分析对象视为一个系统，从系统的整体出发，针对其特定的目标，就其基本问题运用逻辑思维的方法和系统工程理论为之建立数学模型和模拟实验，据此对若干个指标进行定量分析和定性分析，在综合评价的基础上选出优劣的一种分析方法。目前，常用的系统分析评价法有：层次分析法、模糊综合评价法、多目标线性规划法、功效系数法等。

三、建筑工程质量绩效评价管理

（一）营造良好的建筑工程项目管理文化

建筑工程项目管理文化是工程参与者在工程建设过程中形成的共同规范、信仰与追求，它是心理激发力、精神感召力和能量释放力等的集合，犹如一种无形的力量存在于建筑工程群体当中，并将所有个体的行为整合在一起，引导着建筑工程中的全部成员朝着既定的目标奋勇前进。建筑工程项目管理文化主要由工程参与者的价值观、思想意识、道德准则及工作态度等要素构成。

在现行建筑工程管理制度条件下，良好的建筑工程项目管理文化是建筑工程顺利完工的保证。建筑工程项目管理文化的建设内容十分广泛，但其核心部分则是价值理念建设。价值理念文化是建筑工程项目管理文化的核心层，它对建筑工程项目管理文化的物质文化层和行为文化层起着决定作用。因为建筑行业的特殊性，建筑工程项目管理文化与其他项目管理文化相比，具有一定的特殊性，具体表现如下：

首先，建筑行业属于劳动密集型行业，其产品的生产过程是多道工序和工种之间的协同合作过程，工程参与者的道德水平、价值标准与行为准则会对工程质量产生直接影响。建筑工程的施工质量除了取决于质量管理人员的严格检查和把关外，还取决于职工的自觉性和责任感。所以，建筑工程项目管理文化的建设重点是培养工程参与者的责任、质量、协作意识，并使其被广大工程参与者接受和认同，从而形成一种内在动力。

其次，建筑工程目前主要实行工程项目经理负责制，与现场操作的一线员工直接进行交流的是工程项目经理。因此，应将建筑工程项目管理文化推广到工程实践的全过程，使一线员工了解并支持建筑工程项目管理文化，在这一过程中工程项目经理的责任非常重大。

最后，建筑工程管理组织具有临时性，这无疑增大了建筑工程项目管理文化建设的难度。建筑工程因其工作地点的分散变动性和人员组成的临时随机性，使得建筑工程员工的流动性比较大。建筑工程施工的用工临时性、人员组成复杂性、劳动强度大等特点，使得建筑工程项目管理文化的建设具有灵活性、可操作性和感染性，应将建筑工程项目管理文化贯穿到施工现场当中。

因此，在建筑工程中建立并实施建筑工程质量绩效评价体系，必须使全体工程参与者有人文关怀的心理感受，产生对评价体系的认同感，从而提升建设工程的整体绩效评价能力。在具体实施过程中，应重点注意以下两点：第一，建筑工程的主要管理者要高度重视绩效评价工作，并在人、财、物等方面给予适当的支持。要想开展好质量绩效评价工作，首先必须取得领导对工程质量绩效评价的重视与认同。在建筑工程内部建立一个质量绩效评价领导小组，其组成人员应由建筑工程多个部门的人员构成，这样可以在评价人员的组成方面降低并避免评价结果的不公平性。第二，全体工程参与者应对绩效评价工作及制定的评价体系产生充分认同，这样才能减少开展评价工作的阻力。在体系建立之前，通过专家给全体工程参与者授课的方式，帮助他们树立正确的质量绩效考评理念。在工作组成立后，在建设工程内部使用宣传、辅导以及员工培训等方式，让每一位工程参与者熟悉和领会建筑工程质量绩效评价体系，从而为质量绩效评价工作的贯彻和落实奠定良好的环境基础。

（二）建立有效的质量绩效评价激励机制

建筑工程质量管理的关键在于，在管理的过程中形成管理回路，从而建立有利于工程建设的正向反馈机制。要想提高质量绩效评价的有效性，就必须努力建立一套完整有效的激励制度。特别是在建筑工程长期对效益重视不足、资产运营效率较低的情况下，建筑工程质量绩效评价体系必须依赖良好的激励制度才能充分发挥作用。可以对质量绩效评价得分较高的项目部进行公开表扬，同时给予其相应的物质奖励；而对质量绩效评价得分低的项目部，应给予鼓励和支持，帮助他们寻找质量管理工作中的短板和不足。对那些暂时无法适应工程质量管理工作的工程管理者，不应对他们进行全盘否定，而应在条件允许的情况下，尽可能换一个岗位让他们自我调节和适应。

建筑工程质量绩效评价工作的另一个目的是培养人才，在进行质量绩效和适应性评价的过程中，挖掘工程管理者的能力和潜质，并对其进行有针对性的人才培养。在开展建设工程质量绩效评价工作中，应将质量绩效评价与工程管理者培训结合起来，确保既完成了工程建设，又培养了工程管理者，使工程管理者与建设工程一起成长。

（三）构建高效的沟通机制

高效的沟通机制既是建筑工程质量绩效管理系统的重要纽带，也是激励机制和质量评价体系正常运行的基础与前提，质量绩效管理的各项工作如果离开沟通，那么将无法继续进行。因此，应将绩效沟通贯穿于质量绩效评价管理的全过程，形成一个高效且持续不断的绩效沟通体系。通过建立高效的质量绩效沟通机制，提高质量绩效管理水平和工程参与者的工作积极性，最终提高管理效益。质量绩效沟通机制的建立需要建设企业、工程管理部门及工程参与者的共同努力，也就是说，可以从建设企业、工程管理部门和工程参与者这三个具体层面来落实。

对于建筑企业而言，高效的沟通机制一方面有助于建筑企业全面了解工程项目的工作情况并准确掌握工程进展信息，从而有针对性地进行跟进和完善；另一方面有助于提高质量绩效考核评价工作的有效性，最终提高工程管理部门对于绩效评价激励机制的满意度。

对于工程管理部门而言，在工作开展过程中可以不断得到关于自己工作绩效的反馈信息。例如，业主的抱怨、工作的不足之处及产品质量问题等信息，在对这些信息进行分析与处理的基础上制定出相应的改进方案，有利于提高质量水平；在得到建设企业及时帮助的前提下，可以更好地完成工程项目目标；当外界环境发生变化时，可以迅速做出反应，避免出现孤立无援的情况。对于工程参与者而言，规范化的建筑工程质量绩效考核制度可以加强其与上级管理者的沟通，将工程参与者的利益与建筑工程的质量管理目标紧密结合在一起，让工程参与者了解本建筑工程当月的绩效水平，从而提高其工作积极性，增进建筑工程质量管理的绩效。

（四）改进并完善绩效反馈

建筑工程质量管理绩效评价是持续动态的过程，需要对每次的评价结果进行分析与反馈，从而发现并解决建筑工程质量管理中存在的问题，最终提高建筑工程的质量。我们在实践中发现，工程管理部门和工程参与者对绩效评价结果的反馈并不积极。针对这一现象，可以采用如下三种办法加以改善：首先，可以将工程管理部门的整体目标和工程参与者的个人目标结合起来；其次，让绩效反馈工作成为动力源和解决问题的线索；最后，使绩效反馈成为促进绩效改善的手段而不仅仅是简单的评价。

绩效评价结果并不是绩效评价的最终目的，而绩效评价工作的核心则是正确使用绩效结果。通过对绩效评价结果进行比较分析，找出质量管理产生差异的真正原因，并将责任落实到人，从而有针对性地制定改进措施，提高建筑工程质量管理的后期绩效，并最终实现建筑工程质量管理目标。

第八章　建筑工程项目监理

第一节　建筑工程项目监理概述

一、建筑工程项目监理的内涵和性质

（一）建筑工程项目监理的内涵

在现代汉语词典中，"监理"取监督、管理之意，"监"是指对某些预定的行为从旁进行检查或观察，使这些行为不得逾越相应的行为准则，也就是监督、发挥约束作用的意思。"理"是协调一些相互交错和协作的行为，从而理顺人们的行为权益关系，即调理这些行为以避免抵触；理顺抵触了的行为，使之顺畅；调理相互矛盾的权益，避免产生冲突；调解冲突了的权益，使之协作。可以说，监理通常是指有关执行者依据一定的行为准则，对某些行为进行监督管理，使这些行为符合准则要求，并协助行为主体实现其行为目的。

监理活动的实现，需要具备的基本条件是：应当具有明确的监理"执行者"，即监理的组织；应当有明确的"行为准则"，即监理工作的依据；应当有明确的被监理"行为"和被监理的"行为主体"，即监理的对象；应当有明确的监理目的和行之有效的思想、理论、方法和手段。

所谓建筑工程项目监理，就是指工程监理单位受建设单位委托，根据法律法规、工程建设标准、勘察设计文件及合同，在施工阶段对建设工程质量、造价、进度进行控制，对合同、信息进行管理，对工程建设相关方的关系进行协调，并履行建筑工程安全生产管理法定职责的服务活动。

工程监理的工作内容是通过目标规划、动态控制、组织协调、信息管理、合同管理等基本方法，与工程参建各方共同实现工程建设目标。第一，目标规划。目标规划是指以实现项目目标控制为目的的规划和计划，它是围绕建设项目投资、进度、质量目标进行的分解综合、计划安排等工作的集合。第二，动态控制。动态控制是指对项目建设过程、目标和活动进行跟踪，及时、准确地掌握工程建设信息，定期将实际值与计划值进行对比，以便发现实际值与计划值的偏差并及时纠正，最终实现计划目标。第三，组织协调。组织协调是实现项目目标不可缺少的方法和手段。组织协调包括监理组织内部人与人、机构与机构以及项目监理组织与外部环境组织之间的协调。第四，信息管理。信息管理是指监理过

程中进行的信息收集、整理、处理、存储、传递、应用等一系列工作的总称。信息管理的目的是使决策者能够及时、准确地获得有用信息，做出科学决策。第五，合同管理。合同管理是指监理工程师根据监理合同的要求，对工程建设施工合同进行管理，对合同双方的争议进行调解和处理，以保证施工合同的依法签订、全面履行。

（二）建筑工程项目监理的性质

1. 服务性

建设工程监理是凭借监理人员所具备的工程建设方面的技术知识和管理经验，在相关信息的基础上分析和研究建设单位所委托的问题，继而提出切实可行的建议、方案和措施，并在需要时协助实施的一种高智能服务。随着现代工程项目规模的日趋庞大，功能机构标准要求愈来愈高，又不断涌现出大批的新技术、新工艺和新材料，监理单位需要依据科学方案，运用科学手段，采用科学合理的方法为工程建设提供高层次、智力密集型的监理技术服务，从而满足业主在项目管理上的需求。建筑工程项目监理的这一特性将它和政府行政单位对工程建设项目所进行的监督管理活动区分开来，也使它与承建商在工程项目的建设中所开展的建设生产活动区分开来。需要指出的是，建筑工程项目监理是监理单位在项目业主的委托下而进行的一系列技术服务活动。监理单位依托于业主和监理单位之间的建筑工程项目监理合同来开展监理工作，因此，监理单位的监理行为会受到相关法律的制约和保护。建筑监理合同中对监理单位的工作进行了明确的界定，监理单位没有义务向业主提供工程建设项目的生产活动。另一方面，业主、承建商和监理单位这三方需要为了项目总目标的实现而协作，这就需要监理工程师在中间做好相关协调工作，只有这样，工程项目的建设活动才能顺利开展。

2. 独立性

作为第三方当事人，监理单位也直接参与到了工程项目的建设过程中，所从事的监理活动决定了它与建筑市场中的业主和承建商这两方当事人是平等独立的关系。国际咨询工程师联合会（FIDIC）在《业主与咨询工程师标准服务协议书条件》这一出版物中明确指出，监理单位是以一个独立的专业公司的身份接受项目业主的委托，根据建设监理合同开展监理工作，它的监理工作人员应当作为相对独立的专业人员来开展工作。同时，FIDIC 要求其会员也绝对独立于承包商、材料制造商和供应商，不得有任何从他们那里获取利益从而影响其工作公正性的行为。监理单位在开展监理工作时，要依靠自己的管理经验和技术知识独立地完成监理工作，建筑工程项目监理的这种独立性是顺应建设监理制的要求而产生的，是由监理单位在工程建设生产活动和建筑市场中的第三方地位以及其所承担的监理工作所决定的。因此，在监理单位开展建筑工程项目监理工作时，独立性是其中的一项重要原则。

3. 公正性

在工程建设活动中，监理单位是比较独特的一方，监理单位和监理工程师有着双重身份。一种身份是作为业主的委托方，依据所拥有的知识技能和经验来开展监理工作，监督和管理承建商的建设生产活动，要求监理单位严格按照建设监理合同的约定来完成合同内的各项义务，最大限度服务于业主；另外一层身份是作为工程建设活动中的第三方来处理工程建设活动中的各种问题，协调业主和承建商之间的关系，从而更好地实现项目的总目标。这就要求监理单位必须以公正的态度来对待委托方和被监理方，尤其是在另外两方发生利益冲突和矛盾时，监理单位能够站在第三方的角度根据实际情况公正对待具体问题并予以协调。

确立建设监理制的主要目的是给工程项目建设营造一个良好的环境，在这样一种制度下，项目业主可以委托具有专业管理能力的监理单位代表业主对建设项目加以管理，解决自己直接进行项目管理所产生的问题；另外，监理单位的加入使项目业主和承建商在管理能力上更加对等，这样监理单位只有公正地开展工作，才能保证建设监理制的要求，才能使这样一种制度更加顺应我国的社会主义建设要求。公正性要求也是保证监理工作顺利开展的条件，监理工程师所开展的各项工作都必须服务于工程项目总目标，在众多的项目参建方中，监理单位自身无法独立完成监理工作任务，只有与其他各方友好合作、相互支持配合，才能圆满完成合同中要求的工作任务。此外，业主在承包合同中也向承建商明确了委托监理单位的责任义务和权力，承建商也期望监理单位能够公正办事，这一切都需要以监理是否具有公正性为基础。

4. 科学性

我国《建设工程监理规范》指出：建设工程监理是一种高智能的技术服务，从事建设工程监理活动应当遵循科学的准则。监理单位在工作中所接触到的各单位大多数专业能力非常强，而这些单位要接受监理单位的监督管理，就要求监理单位要具有更高的专业能力，为项目业主提供科学的管理指导。监理单位的价值也正是体现在其对科学理论的应用上，通过高质量地完成监理工作任务，确保建筑工程项目在动态的环境中不受影响，从而为人民的生命财产安全提供保障。因此，监理单位和监理从业人员应当以科学的态度和方法完成监理工作。这就要求监理单位在专业队伍人员数量、人员素质上加大投入力度，建立一套有效的管理制度，改善办公条件，配备先进的技术装备和信息化设备，积累科学的管理经验。

二、我国建设工程监理发展概况

从中华人民共和国成立直至 20 世纪 80 年代，我国工程建设的管理基本上采用两种模式：对于一般建设工程，由建设单位自己组成筹建机构，自行管理；对于重大建设工程，则从与该工程相关的单位抽调人员组成临时工程建设机构——指挥部。由于有些人根本没有开展工程项目建设管理的经验，相互之间不熟悉，工作一时难以正常开展。等到这些人相互之间熟悉了，也有了一定的工作经验，但是该工程项目的建设也到了尾声。如果本单位或本部门没有续建的工程项目，这些人也就随即解散，有的回到了原单位，有的留下抓生产，工程建设管理经验根本积累不起来，使得我国工程项目建设的管理工作始终在低水平上重复，难以得到显著提高。

改革开放以来，不少外国公司、社团、私人企业到我国投资，兴建各类工程项目，我国许多大型基础项目的建设也在使用世行和亚行的贷款。这些工程项目均要求对承建单位实行招标投标，并且委托专业的工程师代表投资方对工程进行监督管理。当时，由于我国没有监理企业和监理工程师，因而不得不聘请国外监理公司、咨询公司的专家们负责工程项目的监理。但是，这种新的工程管理模式所带来的效益不断显现，得到了我国相关管理部门的关注。1988 年以后，随着改革开放的不断深入，这种对工程建设活动更全面、更完善的监督方式被纳入我国的基本建设程序之中，经过若干年的试点和推广，1992 年一种脱胎于国际惯例的、行之有效的建设监理制度被建立起来。

我国建设监理制的发展大致经历了三个阶段：第一，1988—1992 年为试点阶段。1988 年 7 月，建设部提出了建立建设监理制的设想，发出了《关于开展建设监理工作的通知》。各试点都按照建设部的统一部署，建立或指定了负责监理试点工作的机构，选择了建设监理试点工程，组建了工程监理单位，取得了明显的监理效果。第二，1993—1995年为稳步发展阶段。此阶段，我国初步形成了比较完善的监理法规体系和行政管理体系，大、中型工程项目和重点开发工程项目基本都实行了监理，监理队伍的规模和监理水平基本上能满足国内监理业务的需要，而且有部分人员或监理单位获得国际监理同行的认可，开始进入国际建筑市场。

第三，1996 年以后为全面实施阶段。又经过三年的发展，全社会对建设监理的认识有了显著提升。监理人员经过多年的探索和实践，逐步建立起一套比较规范的监理工作方法和制度，监理队伍实现了产业化、专业化和社会化，监理制度趋于规范，并建立起上下衔接的法规体系。截至目前，建设监理在我国已经生根、发展，并取得了丰硕的成果。

我国建设工程监理事业虽然取得了明显的成绩，但也存在一些突出的问题，主要表现在监理企业缺乏市场主体地位、政府监督管理缺乏力度等方面。工程监理工作不到位、监理取费普遍较低、监理人员整体素质不高、装备配备不良、业主行为不规范等，这些问题仍在制约着我国建设工程监理的发展。

三、建筑工程项目监理的重要性

（一）保证施工质量

控制建筑工程施工质量是建筑工程项目监理人员的基本职责，监理人员在评价和调整项目进程的基础上实现工程验收、审查方案、协调合作关系、全局控制等工作，并且应当

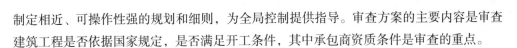

制定相近、可操作性强的规划和细则，为全局控制提供指导。审查方案的主要内容是审查建筑工程是否依据国家规定，是否满足开工条件，其中承包商资质条件是审查的重点。

（二）有效掌控工程进度

建筑工程建设中监理人员需要严格跟踪建筑工程施工进程，在充分考虑建筑施工法律法规、自然天气、建筑市场材料价格、业主方资金投入的情况下，对建筑施工各项内容和进度进行有效平衡，进而为建筑工程施工的顺利完成提供保障。建筑工程项目监理人员在建筑工程施工过程中，对于可能会对工程建设造成影响的因素采取必要的预防措施，做到未雨绸缪。只有这样，才能将建筑工程施工受到的影响降到最低。

（三）对建筑工程投资进行控制

监理人员在施工投资的过程中，需要开展工程造价评估、费用跟踪、调整等活动，进而有效控制建筑工程成本费用。这个过程不仅能够保证工程投资的合理配置，还能够有效降低不合理投入，能够在提升工程企业经济效益的同时进一步推动其发展，对于建筑企业具有十分重要的意义。

（四）建筑监理对安全工作所起到的作用

建筑监理会针对不同的施工阶段、施工环境、突发状况等现象，及时有效地采取相应的解决措施，以谋求最大程度降低安全事故的发生频率。因为只有在保障安全的环境下，才能增强员工的工作能力，也才能保障工程市场上出现安全优质的建筑产品，所以安全生产是保障工程质量水平的前提条件，工程质量的好坏同样也是工程安全的保障。综上，工程的安全监理工作，目的是对建筑工程施工中出现的安全生产状况进行有效监督和管理，是工程建设监理工作的重要组成部分。

四、建筑工程项目监理制度的内容

（一）投资控制

投资控制主要是指在建筑工程前期协助业主正确地进行投资决策，监理可行性研究，控制好投资总额；在建筑工程准备阶段协助业主确定标底和合同造价；在建筑工程设计阶段审查设计方案、设计标准、总概算和概（预）算；在建筑工程施工阶段进行建筑工程进度款签证和控制索赔，核实已经完成的工程量；在建筑工程竣工阶段审核工程结算。

（二）工期控制

工期控制是指在建筑工程实施过程中通过运用网络技术等手段，审查修改进度计划和工程施工组织计划，随时掌握建筑工程的进展情况，督促承建单位按照合同约定的工期目标、各单项目标以及阶段性工期目标的要求如期完工。

（三）质量控制

质量控制是存在于建筑工程设计、可行性研究、建设准备、施工、竣工到后期维修的全过程中，主要包括进行建筑工程设计方案磋商与图纸审核，组织建设工程设计方案竞赛与评比，控制建设工程设计变更。在建筑工程施工前，通过检查建筑物所用材料、配件、设备质量，以及审查承包单位的资质和施工组织设计等，实施质量预控。在建筑工程施工的过程中，通过工序操作、重要技术复核和工序成果检查、监督标准的贯彻，以及竣工验收和阶段验收，把好质量关。

（四）合同管理

合同管理是指建筑工程项目监理单位站在公正的立场上，尽可能地调解建筑工程合同双方履行合同中出现的纠纷，维护当事人的合法权益并将合同管理作为一种管理手段，对项目建设进行质量控制、投资控制和工期控制，以期达到既定目标。

（五）组织协调

组织协调是指建筑工程项目监理单位在监理过程中，对相关单位的协作关系进行协调，使相互之间加强合作、避免纠纷，共同完成建设工程目标。相关单位主要包括设计单位、建设单位、供应单位、施工单位，此外，还有金融部门、政府部门、有关管理部门等。

第二节　建筑工程项目监理存在的问题

一、对建筑工程项目监理认识不到位

就目前情况而言，在我国建筑工程项目监理单位中普遍存在这样一种现象：部分单位对建筑工程安全质量的监理意识淡薄，往往只关注施工工程的质量、施工的进展以及对于整个工程成本的控制，似乎只要在这些方面达标了，那么自己的工作任务也就完成了，往往忽视了工程监理质量的控制。此外，有些监理单位连基本的专业安全监理工程师都没有，其质量安全监理意识观念的淡薄程度可见一斑。还有些建筑公司，领导的意见理念往往直接影响着下级员工的思想，导致公司的安全管理体系形同虚设，没有起到实际的监管作用。

二、建筑工程项目监理人员的责任意识淡薄

建筑工程项目监理人员的工作素质比较差，责任意识淡薄，使监理人员不能科学地、正确地认识到安全监理工作对于建筑施工的重要性，无视国家颁布的法律法规，也不认真地对其进行学习和了解。更有一部分监理人员并不仔细认真地审查各项安全技术措施，没

有及时发现施工现场出现的问题，没有及时进行整改，导致最后出现了大问题。

建筑工程项目监理单位内部对安全监理人员的安排不到位，企业领导在安全问题上对其不太重视，有的施工单位根本没有监理机构，仅有几个兼职工作人员负责安全监理工作，在人员数量上不符合国家规定的人数，从而无法满足实际工作需要。管理人员是否接受专业系统的培训，管理水平是否达到国家规定的要求，在工作中是否能解决实际问题，这些对建筑工程的安全管理有很大影响。

三、监理企业能力不足

首先是监理企业承担风险的能力不足，主要表现在国家对监理企业注册资金要求不高，很多单位在注册时本身资金比较薄弱，再加上监理收费不合理，导致监理企业没有足够的资金来应对风险，一旦发生工程事故，他们很少能做到按合同要求进行赔偿，造成业主对监理企业信任度降低。

其次是监理企业领导者思想意识不够坚定，可能会出现无法抵制诱惑等情况，在与建筑商频繁接触的过程中，很容易发生一些不正当关系，一方面难以保证建筑质量，另一方面也降低了企业的信誉，甚至导致企业破产，自身遭到法律制裁。

最后是监理单位体制存在问题，这是因为我国大多数监理单位都属于民营企业，人员流动性很大，甚至在一个较短的工程周期内都会有人员离职和重组现象，很多工作人员对工程过程不熟悉，甚至意识不到自身所承担的责任，在没有责任心的前提下，很容易出现工程事故。

四、建筑工程施工监理工作机构或组织设置不合理

我国建筑工程施工监理的工作机构或组织存在职位设置不合理、工作人员过少、监理工作者的整体素质不高等问题。施工监理负责人出于节省钱财考虑，往往只设置一个职位非常不健全的，也很不合理的建筑工程施工监理工作机构或组织。同时，受到传统思想的影响，"子承父业"的规则充斥着整个工作岗位，其中建筑工程施工监理行业也不例外。这就导致建筑工程施工监理行业的工作人员能力不能得到显著提高，工作效率也很难提升上去，最终导致整个建筑工程施工监理行业工作非常混乱，难以正常、顺利地进行下去，并使整个建筑工程的施工监理处于一个极其不和谐的氛围和环境之中，导致建筑工程的工期延后或在质量上出现欠缺。

五、市场环境制度存在问题

（一）市场大环境还未完全开发，监理工程覆盖范围比较狭窄

这主要表现在当地政府对外来监理单位进行有意限制和打压，而对本地监理单位所实

施的措施却相对宽松。这种区域保护行为，一方面阻碍了本地区建筑监理行业的良性发展，另一方面也给市场化带来了极大不便。

（二）市场环境制度存在问题

我国目前的建筑工程项目监理行业仍然处于发展的前期，还没有达到完全成熟的程度，在市场不能完全开放的情况下，出了种种局限性。例如，过于关注工程质量，使得工程监理工作变得单一，对于整个建筑工程所涉及的工期控制、资金配比、合同执行等方面却没有严格的管控制度，严重阻碍了监理工程行业的发展。

（三）缺少完善的市场环境监督制度

缺乏市场环境监督制度，导致出现人员、管理与权利不到位的现象，监理单位很容易在不稳定的市场大环境中，偏离既定的发展轨道，进入建筑工程质量失控的状态之中。

六、施工企业行为不当，管理存在缺陷

近年来，建筑工程项目监理工作迎来了良好的发展机会。但因为建筑工程项目监理人员管理范围狭小等问题仍然存在，使得部分建筑工程项目监理工作的相关人员并没有实质性的监督管理权力。这就导致建筑工程项目监理工作无法顺利开展，部分建筑工程项目监理公司与建筑施工单位相互合作，使得工程建筑质量无法得到保证。更有一些建筑工程项目监理公司存在欺诈行为，通过挂靠其他一些名气较大的公司来获得利益，违反了相关法律法规以及建筑方面的规章制度。此外，部分企业自身缺乏相关的规定条文，缺少管理经验和基础，造成监管工作缺失。

第三节　建筑工程项目监理优化对策

一、建筑工程项目监理的原则

（一）公正、独立、自主原则

监理工程师在建筑工程项目监理中必须尊重科学、尊重事实，组织各方协同配合，维护有关各方的合法权益。为此，必须坚持公正、独立、自主的原则。业主与承建单位虽然都是独立运行的经济主体，但他们追求的经济目标有所差异，监理工程师应在按照合同约定的权、责、利关系的基础上，协调双方的一致性。只有按照合同的约定建成工程，业主才能实现投资的目的，承建单位也

才能实现自己生产的产品价值，取得工程款和实现盈利。

（二）权责一致原则

监理工程师承担的职责应与业主授予的权限保持一致，监理工程师的监理职权，依赖于业主的授权，这种权利的授予主要体现在业主与监理单位签订的委托监理合同之中。监理工程师在明确业主提出的监理目标和监理工作内容要求后，应与业主协商，明确相应的授权，达成共识后明确反映在委托监理合同和建设工程合同之中，这样监理工程师才能开展监理活动。总监理工程师代表监理单位全面履行建筑工程委托监理合同，承担合同中确定的义务和责任。因此，在委托监理合同实施中，监理单位应给总监理工程师充分授权，体现权责一致原则。

（三）总监理工程师负责制原则

总监理工程师是工程监理全部工作的负责人，要建立和健全总监理工程师负责制，就要明确权、责、利关系，健全项目监理部，具有科学的运行制度、现代化的管理手段，构建以总监理工程师为首的高效的决策指挥体系。总监理工程师负责制的内涵包括：第一，总监理工程师是工程监理的责任主体。责任是总监理工程师负责制的核心，它构成了对总监理工程师的工作压力与动力，也是确定总监理工程师权力和利益的依据。所以，总监理工程师应是向业主和监理单位负责的承担者。第二，总监理工程师是工程监理的权利主体。根据总监理工程师承担责任的要求，总监理工程师全面领导建设工程的监理工作，包括组建项目监理部，主持编制建筑工程项目监理规划，组织实施监理活动，对监理工作进行总结、监督、评价。

（四）严格监理、热情服务原则

严格监理，就是各级监理人员严格按照国家政策、法规、规范、标准和合同控制建筑工程，依照既定的程序和制度，认真履行职责，对承建单位进行严格监理。

监理工程师还应当为业主提供热情的服务，应运用合理的技能，谨慎而勤奋地工作。由于业主一般不熟悉建筑工程管理与技术业务，监理工程师应按照委托监理合同的要求多方位、多层次地为业主提供良好的服务，维护业主的正当权益。但是，不能因此而一味地向各承建单位转嫁风险，从而损害承建单位的正当经济利益。

（五）综合效益原则

建筑工程项目监理活动既要考虑业主的经济效益，也要考虑与社会效益和环境效益的有机统一。建筑工程项目监理活动虽经业主的委托和授权才得以进行，但监理工程师应严格遵守国家建筑管理法律、法规以及标准，以高度负责的态度和责任感，对业主负责，谋求最大的经济效益，又要对国家和社会负责，取得最佳的综合效益。只有在符合宏观经济效益、社会效益和环境效益的条件下，业主投资项目的微观经济效益才能得到实现。

二、建筑工程项目监理实施程序

（一）确定项目总监理工程师，成立项目监理部

监理单位应根据建筑工程的规模、性质以及业主对监理的要求，委派称职的人员担任项目总监理工程师，代表监理单位全面负责该工程的监理工作。一般情况下，监理单位在承接工程监理任务，在参与工程监理的投标、拟定监理方案（大纲）以及与业主商签委托监理合同时，即应选派称职的人员主持该项工作。在监理任务确定并签订委托监理合同后，该主持人可作为项目总监理工程师。这样，项目的总监理工程师在承接任务阶段即早已介入，从而更能了解业主的建设意图和对监理工作的要求，并与后续工作能够更好地衔接。

总监理工程师是一个建筑工程项目监理工作的总负责人，他对内向监理单位负责，对外向业主负责。监理部的人员构成是监理投标书中的重要内容，是业主在评标过程中认可的事项，总监理工程师在组建项目监理部时，应根据监理大纲内容和签订的委托监理合同内容组建，并在监理规划和具体实施计划执行中进行及时的调整。

（二）编制建筑工程项目监理规划

监理规划是监理单位接受业主委托并签订委托监理合同之后，在项目总监理工程师的主持下，根据委托监理合同，在监理大纲的基础上，结合工程的具体情况，广泛收集工程信息和资料的情况下制定的，经监理单位技术负责人批准，用来指导项目监理部开展监理工作的指导性文件。监理规划的内容包括：建设工程概况、监理工作范围、监理工作内容、监理工作目标、监理工作依据项目监理组织机构的组成形式、项目监理部的人员配备计划、项目监理部的人员岗位职责、监理工作程序、监理工作方法及措施、监理工作制度、监理设施。

（三）制定各专业监理实施细则

在监理规划的指导下，为实际指导投资控制、质量控制、进度控制的运行，还需结合建筑工程实际情况制定相应的实施细则。监理实施细则又称监理细则，其与监理规划的关系可以比作施工图设计与初步设计的关系。也就是说，监理实施细则是在监理规划的基础上，由项目监理部的专业监理工程师针对建筑工程中某一专业或某一方面的监理工作编写，并经总监理工程师批准实施的操作性文件。

（四）规范化地开展监理工作

监理工作的规范化体现在以下几个方面：

1. 工作的时序性

这是指监理的各项工作应当按照一定的逻辑顺序展开，使监理工作能有效地达到目标而不致造成工作状态的无序和混乱。

2. 职责分工的严密性

建筑工程项目监理工作是由不同专业、不同层次的专家群体共同完成的，他们之间严密的职责分工是协调进行监理工作的前提和实现监理目标的重要保证。

3. 工作目标的确定性

在职责分工的基础上，每一项监理工作的具体目标都是确定的，完成的时间也应有时限规定，从而能够通过报表资料对监理工作及其效果进行检查和考核。

（五）参与验收，签署建筑工程项目监理意见

建筑工程施工完成以后，监理单位应在正式验交前组织竣工预验收，在预验收中发现的问题，应及时与施工单位沟通，提出整改要求。监理单位应参加业主组织的工程竣工验收，签署监理单位意见。

（六）向业主提交建筑工程项目监理档案资料

建筑工程项目监理工作完成后，监理单位向业主提交的监理档案资料应在委托监理合同文件中明确约定。如在合同中没有做出明确规定，监理单位一般应提交设计变更、工程变更资料、监理指令性文件、各种签证资料等档案资料。

（七）监理工作总结

监理工作完成后，项目监理部应及时从两方面进行监理工作总结。其一，向业主提交监理工作总结，其主要内容包括：委托监理合同履行情况概述，监理任务或监理目标完成情况评价，由业主提供的供监理活动使用的办公用房、车辆、试验设施等的清单，表明监理工作终结的说明等。其二，向监理单位提交监理工作总结，其主要内容包括：监理工作经验，可以是采用某种监理技术、方法的经验，也可以是采用某种经济措施、组织措施的经验，以及委托监理合同执行方面的经验或如何处理好与业主、承包单位关系的经验等；监理工作中存在的问题及改进建议。

三、建筑工程项目监理的具体优化对策

（一）提升监理人员的素质

监理单位应当在保证监理工作有效性的基础上，推动业务服务质量和水平的提升，通过获得业主方的认可，提升自身行业信誉度，进而实现本单位的健康稳定发展。监理单位应当采取有效措施增强监理人员的业务素质，任何经济活动的实现和发展都是建立在人的行为的基础之上，这就要求监理单位必须选任兼具管理和技术人才，使其在建筑工程项目监理活动中发挥出更大的作用。基于此，高校为了适应建筑工程项目监理行业的发展，应当将管理性和技术性兼备的专业性人才培养作为重点，这样不仅能促进监理企业核心竞争

力的提升，还能够为监理行业的发展提供后备力量。另外，政府部门对于建筑工程项目监理人员应当采用垂直管理方式，虽然这样会在一定程度上影响人才流动，但是如果将监理人员置于政府部门的直接管控下，那么主体责任缺失问题就能够得到有效控制。另外，对监理人员的管理还可以采用政府监管、行业自律相结合的模式，推动监理行业的有效发展。

（二）提高工程监理的标准化水平

监理标准化管理主要是指"三控制、两管理、一协调"，三方面监理内容从形式到内容都转化为标准化管理和控制，使每一项每一步工作都有统一规定、统一要求，都有标准依据，都有定性、定量的衡量标准。我国目前的监理现状只做到了质量和进度控制，组织协调。例如，监理工程师把工程质量、进度计划、实施和控制三结合的图表制定出来，施工承建单位按照监理制定的标准化管理内容去做，但由于监理人员有责无权，导致制订的进度计划不能得到贯彻实施，致使工期拖后，不能按时交工。业主、施工、监理三方应相互交流，解决工程拖后的原因，监理人员严格记录好监理日志，在监理例会做出对上一周的总结和对下一周工作内容提出建议，并积极协调好施工方和业主的关系。

（三）落实工程监理责任制

在建筑工程项目实施过程中，为有效规范各项监理活动、提高业务质量，应综合考虑监理队伍的人员数量、技术能力与工作量，制定详细、明确的责任机制，并将其充分落实到各个岗位之中，以保证实际的监理工作各司其职、明确分工、协调合作，由此才能层层分派各项标准、目标、计划，并形成全面、系统、完善的工程监理体系，实现全过程、全方位的监督、管控。需要注意的是，在此期间首先需要明确总监理工程师的职责、职权、利益，将总体监理目标纳入项目实施的各个环节、重要议事日程之中，在保证常规监理工作效率、质量的同时，以客观、公正、专业、严谨的态度与项目业主、承包单位沟通、合作，将工程现场的驻地监理落实到位。此外，为保证责任制的有效落实，还要同步制定与之相配套的奖惩机制、绩效考核机制，以此了解、掌握监理工作的具体情况，对于不规范、不合法的行为，应根据责任制的具体划分，给予在岗人员严厉惩处，从根本上提高建筑工程的监理水平，保证项目的质量安全，提高项目的经济效益。

（四）设置科学合理的建筑工程施工监理工作机构或组织

不科学、不合理的建筑工程施工监理工作机构或组织会对建筑工程施工监理行业产生很大的负面影响，也会使施工监理的效率显著降低。一个科学的、合理的建筑工程施工监理的工作机构或组织需要有精细的工作和管理上的分工，要有科学的模式加以规范。管理模式采用"扁平"式管理，由项目部直辖施工队（劳务作业层），压缩管理层次和中间环节，减少管理费开支，提高工效。

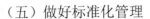

（五）做好标准化管理

一方面，监理方、施工方、业主方要做好沟通，定期对施工过程的具体情况进行分析，同时还要预测施工过程中意想不到的突发状况，避免工期延迟、监理不到位等问题，这也是开展标准化管理的核心；另一方面，监理人员要严格做好工程日志和监理汇总，掌握建筑进程的全部信息，这样一方面能够很好地反映建筑进程中出现的各种掩藏问题，另一方面也能够促进工作人员对建筑过程献计献策，保证工程定期定量完成。另外，标准化管理还要求严格验收程序，这样能够防止施工单位的自检流于形式，一旦在抽查的样品中发现不合格的分项，立即对所报验收段进行全面调查，此法既能够有效地对施工单位进行大幅度整改，同时也能够避免施工单位单纯对监理部门提出的部分进行纠正的问题。

（六）妥善处理利益关系

建筑工程业主和监理单位具有平等的地位，两者通过签订合同监理委托授权关系，并据此履行权利和享有义务。当监理合同生效后，建筑工程业务和监理单位的权利和义务就被确定下来，在双方未达成合作意向的情况下，合同内容的改变不发生法律效力。通常而言，监理单位独立履行合同约定义务，施工单位应当给予配合。监理制度在建设管理制度中具有十分重要的地位，所以在行业形势和社会形势不断发展变化的过程中，应当实现与时俱进的深化和完善，推动监理工作作用的有效发挥，切实提升监理工作的地位和影响力。

四、建筑工程项目监理的风险控制对策

（一）结合实际建立完善的工程监理风险预警机制

利用预警机制自身的功能，对当前的风险来源进行有效识别，进而帮助工作人员明确其风险大小与风险带来的危害，为后续的风险管理奠定良好的基础。通过建立完善的风险预警机制，可以以此为基础，根据当前风险的来源建立其他风险预警。例如，承包商防线预警、承包方风险预警以及监理风险预警等，保证其发生风险后可以第一时间进行明确，满足当前的建筑工程发展需求。

以发包方为例，可以结合实际对其自身的风险预警进行合理的分类，分为工程干预预警、契约风险预警以及工程资金预警等；而对于当前的监理方预警来说，则主要可以分为管理能力预警、监理行为预警以及监理队伍预警等；承包方风险预警则主要包括当前的承包资格预警、承包道德预警以及承包行为预警等，在不断的发展过程中，只有进行合理的风险预警，才能保证当前的风险被合理地加以防范，为建筑工程的有效开展奠定良好的基础。

（二）建立完善的工程监理保障体系

设置相关机构或岗位，对工程监理工作中的责任进行明确，并成立相应的工程监理风

险管理部门和机构。监理单位的法人代表作为建筑工程安全生产的主要责任人，需要全面负责工程建设全过程的安全工作，明确相关人员的责任，并对其进行有效监督与管理，以确保工程监理工作落到实处。同时，工程总监理需要对整个工程建设负责，并根据工程建设的主要特点和相关岗位的需要，有针对性地调整相关监理人员的职责，进而保障工程监理责任的全面落实，从而将工程监理保障体系的作用充分发挥出来。

（三）加强对监理人员的培训

监理单位需强化监理人员的风险控制意识，加强安全教育工作，将安全教育常态化，并建立相关教育培训制度，以提高监理人员的专业水平。针对一些缺少监理经验的工作人员，需安排经验丰富的监理人员进行指导和带领，确保其能够及时发现建筑工程施工中存在的风险隐患，并提出有效措施加以解决。同时，对于建筑施工中存在的不合理问题，监理人员有权采取强制手段要求施工单位进行整改，以最大限度降低风险的发生率。

（四）强化风险防范

第一，选择信誉良好、资质成熟的施工单位；第二，在签订监理合同的过程中，需要对合同双方的义务进行补充；第三，监理单位需对工程变更可能产生的影响进行评估，并将工程变更凭证保留下来；第四，在选择施工单位的过程中，建设单位应发挥一定的协助作用，对于资质欠缺的施工单位，监理单位应及时表明自身立场。

（五）完善风险评估流程

风险评估是在风险识别的基础上做出的风险管理措施，一套完善的风险评估流程主要包括以下几个方面：第一，风险评估主体的参与人员主要由专业人士和非专业人士共同构成，并邀请各类专家和学者参与到风险评估中；第二，风险评估规则主要是结合工程监理工作的现状而制定的；第三，风险评估规则是根据建筑工程项目监理工作的状况制定的，风险评估方法采用定量和定性两种。

第四节　建筑工程项目监理质量评价

一、建筑工程项目监理质量评价策略

（一）建立健全建筑工程质量监理评价体系，强化工作人员安全意识

为了尽快提高我国工程质量监理评价的效率，确保整个工程的质量水平，各个企业必须尽快建立健全工程质量监理评价体系，不断强化监理人员的安全意识。例如，企业应该

尽快了解并且掌握目前企业在质量监理评价方面所存在的问题，然后尽快根据这些问题制定相应的管理机制；或者企业也可以积极地了解工程质量监理市场对于监理评价的要求，然后根据这些要求尽快发现企业现有质量监理评价体系中存在的不足，然后及时进行创新和补充，进而使这些规章制度可以更好地适应整个工程施工市场的发展以及企业未来的发展。另外，企业也可以去其他企业学习和交流，积极引进这些企业优秀的质量监理评价机制，然后根据自身的实际发展情况对这些评价机制进行改革和创新。最后，企业还应该定期开展工程质量安全宣传活动，利用这些安全活动不断提高监理人员对于安全的重视程度，更好地强化他们的安全意识。

（二）提高监理评价的收费标准，加强执法力度

在提高整个建筑工程项目监理质量评价效率的过程中，尽快提高工程监理质量评价的收费标准具有极其重要的作用，因此，相关政府必须根据我国工程施工市场的发展情况适当提高监理评价的收费标准，同时还应该加强执法力度，确保整个市场能够稳定有序地发展。例如，相关政府应该尽快加强对于我国工程监督质量管理评价市场的管理以及监督，及时发现并且解决监督管理评价收费过程中存在的问题，然后尽快采取相应的解决对策，提出新的合理的监督管理评价收费标准制度，尽快利用新的收费标准取代传统的收费标准。另外，还应该适当提高新的监督企业申请的标准，在对这些新的企业进行评定的过程中，必须严格按照国家的标准进行评定，对于一些不符合评定标准的企业必须要坚决杜绝它们进入监理市场，同时还应该对市场上所有监督单位的监督人员的监督资质进行检查和评定。最后，还应该对市场上的监督企业进行定期检查和审核，一旦发现这些企业存在违法乱纪行为，必须给予这些企业严厉的惩罚，对于违法乱纪行为特别严重的企业，必须取消它们的监督资格。

（三）确保隐蔽工程的签字验收，及时发现工程隐患并提出解决对策

把好各个隐蔽工程的签字验收关，及时发现隐蔽工程的隐患并且提出相对应的解决对策，这是提高整个工程监理质量评价效率的首要基础之一。因此，各个企业必须尽快提高对于所有隐蔽工程的重视程度，确保所有隐蔽工程施工环节的正确性以及安全性。例如，在开展隐蔽工程验收这一工作的时候，相关监督部门必须严格按照国家规定的标准对隐蔽工程进行检查和验收，只有确保隐蔽工程各个环节不出现任何施工错误，才能对这些隐蔽工程进行验收和签字。如果在验收过程中发现施工问题，必须及时向相关的施工单位进行反映，并且要求它们及时提出合理有效的解决对策。另外，在验收过程中，应该首先要求施工单位对已经完成的工程进行检查，当他们的检查环节结束之后，再由专业的监督人员对工程项目进行进一步的监督和检查，在确保整个工程没有任何错误之后，再填写工程验收表格，并且将验收表格上交给监督部门，由监督部门最后签字。最后，在工程结束以后，应该对施工现场现有的施工材料以及施工仪器设备进行检查，确保这

些材料和仪器设备齐全。

二、建筑工程项目监理质量评价指标体系设计

（一）建筑工程项目监理质量评价指标体系设计原则

1. 科学性原则

指标的选择和处理必须以公认、成熟的理论为基础，使之能够科学合理地反映监理工作质量的本质。指标体系的设计要有一定的科学依据，主要体现在以下几个方面：各级指标应该在国内外是通用的，易于理解和研究；各级指标应该是学者和专家经过多年的实践和研究得出的，具有一定的代表性，能够描述评价对象的某些特性；各级指标应该具有一致性，设计应该规范、合理，具有精确的内涵和广泛的外延。

2. 系统性原则

监理单位的工作质量是一个由多种要素构成的复杂系统，在确定评价指标的时候，既要考虑反映监理工作质量的直接因素指标，又要考虑到关键的间接因素指标；不仅要注意指标的层次性和监理工作质量之间的关系，而且要注意指标体系的内部结构以及系统平衡性，并且要尽可能使构建的指标体系符合逻辑规范。

3. 可操作性和可比性相结合原则

建立的各项指标应该能够通过各种途径有效地获得或测量，在确保研究目标可以顺利实现的前提下，指标体系的构建应该考虑到是否具有可操作性。指标的数量应控制在合理的范围内，可以忽略掉某些相对不太重要或无关紧要的因素，重要的不是有多少指标，而是把握评价对象的本质及其特性。各级评价指标既要考虑到评价对象之间的共有性，也要考虑到对象之间的可比性，保证评价结果的差异性。在对监理工作质量进行评价的时候，不仅要考虑对监理单位现有能力的评价，也要充分考虑对其发展能力的评价。

4. 定性和定量指标相结合原则

在选取指标的过程中，要尽可能多地选取科学规范化的定量指标，以便为后续进行定量研究奠定科学基础。对于那些量化困难，但是对整体监理工作质量研究具有重要影响因素，可以采用定性指标的形式纳入整体的指标体系中。

5. 全面性原则

在选取监理工作质量各级指标的时候，不仅应该考虑到监理单位现有工作质量水平，而且应该考虑到监理单位未来的发展水平；不仅应该包括影响监理工作质量的一些硬指标，而且应该包括一些软指标，体现监理单位工作的特点；不仅应该包括监理单位的静态指标，如监理企业的机械技术装备、办公条件和后勤工作等，而且应该包括一些动态指标，如监理人员数量、专业配置等。

（二）建筑工程项目监理质量评价指标体系的构建

1. 领导决策层的执行力度

在项目管理中，领导的作用不可小觑，提高建筑工程项目监理工作质量的前提就是保证领导决策层的质量。领导决策层的执行力度主要包括：在业主的要求以及合同的谈判情况的基础上明确工程项目的监理目标；能够及时根据情况的变化和工作的具体表现给出准确适当的决策；组建符合项目特点的监理组织机构；构建组织内部的人员激励机制；确保各部门工作按照质量保证体系运行，有效把控项目监理工作并提供有力支持。

2. 规章制度的完善与可操作性

规章制度的完善与可操作性，主要是指为了监理目标的顺利完成而制定的一系列的规章、制度的完善程度和可操作性等。不同的建设项目，监理单位所制定的规章制度会有一定程度的差异，但都应顺应具体项目的特点，做到监理制度合理、责权分明，有内部激励奖罚机制和培训机制，促进项目的良好运行。

3. 办公条件、后勤工作保障

办公条件、后勤工作保障主要表现在日常办公条件、通信条件、计算机等方面，监理单位是否为项目部监理工作人员吃、住、行等方面提供了制度保障。优质的监理工作离不开后勤保障的有力支撑，后勤工作保障为实现监理目标提供了物质条件。

4. 工程质量检测手段与技术装备

工程质量检测手段与技术装备指的是常规检测工具、测量仪器以及采用的检测方法和手段。现代建筑工程日益复杂，技术含量高，配备与具体监理工程相适应的测试仪器、设备，掌握先进的检测方法，既是监理人员获取工程实时质量信息的必要手段，也是高质量监理工作的物质、技术基础之一。

5. 监理取费率

监理工作的开展必须有相应的资金保证，不论是要留住优秀的监理人才，还是引进先进的技术设备都离不开资金的支持，而资金的唯一来源就是工程监理取费。目前，普遍偏低的监理取费致使监理机构在圆满完成监理任务上失去了资金的保障，免不了会出现裁减人员、减少工作时间或者降低工作深度的情况，这样一来监理工作质量也就得不到保障。

6. 总监理工程师管理能力

总监理工程师作为监理组织的核心应具备相当强的综合管理能力，其受教育状况、多学科知识、职称、从业年限以及项目经验等都会影响到建筑工程项目监理工作质量的好坏。

7. 人员业务能力

监理工作是一项专业性强、技术要求高的工作，建筑工程项目监理工作由建筑工程项目监理人员完成，建筑监理人员的业务能力水平是完成监理工作任务的基础。要求从事监理工作的监理员、专业监理工程师或者总监理工程师都能精通工程建设领域所有相关的专业知识显然是不切实际的，但是监理人员应当具备一定的业务基础，能够解决现场所遇到的常见问题。

8. 监理组织运转效率

监理组织运转效率是指监理组织遵循规范、监理规划，并且能灵活运用规范、监理规划，从而取得良好的监理效果。

9. 现场信息化管理程度

现场信息化管理程度指的是监理机构内部信息的畅通，对收集到的各类信息进行分类、排序、计算及传播等，建立科学合理的查找办法和手段，使各类报表和文件成果在计算机网络中顺畅传播。

10. 质量目标实现情况

质量目标实现情况即工程实体的质量达到质量目标的程度，具体指的是所监理项目的质量等级、所发生的工程质量事故的次数、返工和停工令的下达次数等。

11. 投资目标实现情况

投资目标实现情况指的是所监理工程的实际投资与监理项目委托合同确定的投资额的差异程度。

12. 进度目标实现情况

进度目标实现情况指的是工程的实际工期与监理委托合同确定的工期的差异程度。

13. 安全文明施工情况

安全文明施工情况主要包括安全事故发生次数、安全事故等级、安全事故经济损失、现场文明施工情况等。

14. 监理工作规划

监理工作规划是指为明确项目监理机构具体的工作目标，确定工作制度、内容、程序、方法和措施等而编制的监理规划及监理实施细则。

15. 工程质量控制

工程质量控制是指为达到工程质量要求而采取的技术作业和监理活动，主要包括质量控制计划、施工单位质保体系的审查、施工组织设计，以及技术审核、材料设备的质量检查和试验、工程质量检验及评定、质量问题预防与处理等。

16. 工程投资控制

工程投资控制是指为实现投资目标而进行的一系列工程计量、工程款签证及竣工结算、造价风险防范对策、工作量统计分析及报告等。

17. 工程进度控制

工程进度控制是指为实现进度目标而进行的一系列活动，包括施工总进度计划审查、进度控制方案及风险防范、进度检查及措施、进度报告及建议等。

18. 合同管理

合同管理指的是除三大目标管理之外的工程变更、索赔及施工合同争议的处理。

19. 安全生产监督

安全生产监督指的是安全生产管理中的监理工作，对施工单位现场安全生产规章制度的建立和实施情况的审查。

20. 职业道德

具备良好的职业道德是从事具体工作的基础，其能够为技术活动提供重要保证。

21. 工作作风

踏实的工作作风是监理功能质量的重要方面，踏实地完成本职工作，重视监理工作的各个方面，会使业主感受到监理人员真正在为建筑工程项目目标的实现而努力工作。

参考文献

[1] 管武强，吴德生，徐鑫. 浅谈建筑工程绿色施工技术的现场实施及动态管理 [J]. 中国招标，2018（36）：34-35.

[2] 郭威东. 绿色建筑施工质量控制方法研究 [D]. 兰州大学，2018.

[3] 杨超. 建筑质量管理与控制 [D]. 安徽理工大学，2017.

[4] 张洁浩. 工程施工现场安全监控方法研究 [D]. 华北电力大学（北京），2017.

[5] 刘忠华. 建筑工程施工绿色施工技术应用探讨 [J]. 江西建材，2017（06）：85+87.

[6] 张嘉莉. 广州市绿色施工技术应用研究 [D]. 华南理工大学，2016.

[7] 张剑. 建筑工程项目施工质量控制与研究 [D]. 沈阳大学，2014.

[8] 郭晶. 高层建筑项目绿色施工技术综合评价研究 [D]. 河北工程大学，2014.

[9] 阮鹏. 建设工程绿色施工管理研究 [D]. 浙江大学，2015.

[10] 李冬冬. 市政工程成本控制与管理的研究 [D]. 青岛理工大学，2014.

[11] 安丰悦. 市政工程安全管理研究 [D]. 青岛理工大学，2014.

[12] 邓宇坚. 工程各阶段业主方项目管理的侧重点分析 [D]. 华南理工大学，2013.

[13] 孙晓君. 市政工程项目施工阶段质量管理研究 [D]. 天津大学，2014.

[14] 段鹏锦. 大型工程项目质量管理与控制方法研究 [D]. 西南交通大学，2013.

[15] 张庆. 建筑施工安全现状分析与对策研究 [D]. 西南交通大学，2013.

[16] 周雪. 市政工程环境影响的制度分析 [D]. 南京林业大学，2013.

[17] 刘海源. 市政工程项目施工质量风险管理研究 [D]. 天津大学，2013.

[18] 熊蕾. 市政工程设计阶段的工程造价控制 [D]. 华南理工大学，2012.

[19] 陈方. 市政工程施工项目成本控制研究 [D]. 中南林业科技大学，2012.

[20] 王军翔. 绿色施工与可持续发展研究 [D]. 山东大学，2012.

[21] 黄海港. 安全监理工作标准化的研究 [D]. 华南理工大学，2011.

[22] 高硕含. 工程建设项目业主方的项目管理研究 [D]. 天津大学，2011.

[23] 李鸿伟. 基于危险源管理的建筑施工现场安全管理研究 [D]. 中国矿业大学（北京），2011.

[24] 张立明. 建筑施工安全管理及其评价研究 [D]. 长安大学，2010.

[25] 黄春金. 工程监理中质量管理的研究与应用 [D]. 西安建筑科技大学，2007.

[26] 李建璞. 建筑施工危险辨识和安全管理研究 [D]. 天津大学，2007.

[27] 王岗. 建设工程施工安全监理研究 [D]. 华中科技大学，2006.

[28] 郭汉丁. 建设工程质量政府监督管理研究 [D]. 天津大学，2003.

[29] 佟磊. 房屋建筑工程施工质量管理的研究 [D]. 吉林大学，2015.

[30] 张燕芳. 建筑工程施工质量管理的研究与实践 [D]. 华南理工大学，2013.

[31] 王瑞波. 建设工程监理的现状分析及规范化研究 [D]. 郑州大学，2013.

[32] 黄春蕾. 房屋建筑工程施工质量控制内容及方法研究 [D]. 重庆大学，2008.

[33] 王家鼎. 工程监理的理论分析与实践研究 [D]. 西安建筑科技大学，2007.

[34] 唐勇. 施工项目监理的实施与控制探索 [D]. 西南交通大学，2004.

后　记

本书由罗战文（陕西延长石油物资集团公司）、肖永军（宁远县市政公用设施维护管理站）、段会力（许昌市水务建设投资开发有限公司）、陈德勇（河北建设勘察研究院有限公司）、孙云祥（浙江欣捷建设有限公司）、黄亚伟（中交水运规划设计院有限公司）、张卫栋（祁县交通运输局）、张勇（山东海龙建筑科技有限公司）、刘田刚（中交二公局铁路工程有限公司）所著，具体分工如下：

罗战文（陕西延长石油物资集团公司）负责第二章、第四章、第五章部分章节的编写，共计10万字；

肖永军（宁远县市政公用设施维护管理站）负责第三章、第五章的部分章节的编写，共计8万字；

段会力（许昌市水务建设投资开发有限公司）负责第六章、第七章、第八章的编写，共计6万字；

其他参编人员有罗浩（武汉紫光科城科技发展有限公司）、张伟（中建新疆建工（集团）有限公司西南分公司）、程春立（中建三局第二建设集团有限公司北京分公司）张利民（国网山东省电力公司建设公司）、刘得志（中建新疆建工（集团）有限公司西南分公司）、于增邦（沧州渤海新区辰禾工程有限公司）、马成英（西宁生产力促进中心）、杜景和（上海塔里艾森建筑工程技术服务中心）、张慧波（中铁六局集团有限公司交通工程分公司）、夏雨振（京兴国际工程管理有限公司）、田培龙（中交路桥北方工程有限公司）。